本書の

⊙本書は、2020 ～ 2017 年中に実施された丙種 キスト及び解説をまとめたものです。

⊙収録されている問題は、出題頻度の高いもの、今後出題される可能性が高いと考えられるものを選んで収録しています。また、類似問題は１つにまとめています。

⊙本書の収録問題数は **288 問**となっています。

⊙丙種に限らず、危険物取扱者試験の問題は公表されていません。小社では、複数の受験者に依頼して過去問題を組み立てました。従って、実際の試験問題と内容が一部異なっている可能性もあります。

⊙実際の試験科目と同様に大きく３つの章に分け、さらに細かく項目を分けました。具体的には次のとおりです。

- 第１章　危険物に関する法令 ……………………………… 23 項目
- 第２章　燃焼及び消火に関する基礎知識 ………………… 12 項目
- 第３章　危険物の性質・火災予防・消火の方法 ………… 11 項目

⊙各項目のはじめに、その項目に分類される過去問題を解くために知っておくべき必要最低限の内容を次のようにまとめています。

- 「これだけ覚える !!」…………… **その項目の重要ポイント**
- 「テキスト」……………………… **重要ポイントを詳しく解説**

これだけ覚える!!

⊙上記をしっかり覚えたら「**Q　過去問題**」を解き、「**A　正解と解説**」で確認してください。解説には、正解の根拠となるものやその問題を解くためのヒントがあります。

⊙項目ごとにまとまっているので頭の中で整理しやすく、「覚える」→「問題を解く」→「正解・解説を確認する」→「覚える」を繰り返すことで、自然に覚え、問題を解くことができるようになります。また、何度もチャレンジすることで、試験に合格する力が身につきます。

⊙過去問題ごとに、チェックマーク（☑）をつけています。その問題を理解できているか、記憶できているか、その確認にご利用ください。

⊙危険物取扱者試験は、多くが過去に出題された問題から繰り返し出題されています。その理由として、大きな法令改正がなく、火災予防を中心とした化学等の内容も変更がないためです。

⊙一方で、全く新しい問題も出題されています。しかし、新問はわずかであり、過去問題を効率よく解いてその内容を覚えることが、試験合格への近道だと私たちは考えています。

2021 年５月　公論出版 編集部

受験の手引き

■丙種危険物取扱者

⦿消防法により、一定数量以上の危険物を貯蔵し、または取り扱う化学工場、ガソリンスタンド、石油貯蔵タンク、タンクローリー等の施設には、危険物を取り扱うために必ず危険物取扱者を配置しなくてはなりません。

⦿危険物取扱者の免状は、貯蔵し、または取り扱うことができる危険物の種類によって、甲種、乙種、丙種に分かれています。

⦿このうち丙種は、第４類の危険物のうち、**ガソリン、灯油、軽油、第３石油類（重油、潤滑油及び引火点が 130℃以上のものに限る。）、第４石油類及び動植物油類**を貯蔵し、または取り扱うことができます。

⦿丙種の受験にあたり、受験資格はありません。

■試験科目と合格基準

⦿試験は、次の３科目について一括して行われます。

試　験　科　目（略称）	出題数		試験時間
①危険物に関する法令（法令）	10問	合計 25問	1時間 15分
②燃焼及び消火に関する基礎知識（燃消）	5問		
③危険物の性質並びにその火災予防及び消火の方法（性消）	10問		

⦿合格基準は、試験科目（上記の①～③）ごとの成績が、**それぞれ 60%以上**としています。従って、「①危険物に関する法令」「③危険物の性質並びにその火災予防及び消火の方法」は**それぞれ６問以上**、「②燃焼及び消火に関する基礎知識」は**３問以上正解**しなくてはなりません。従って、①法令の正解が５問である場合、②燃消と③性消がそれぞれ満点であっても、不合格となります。

■試験の手続き

⦿危険物取扱者試験は、一般財団法人　消防試験研究センターが実施します。ただし、受験願書の受付や試験会場の運営等は、各都道府県の支部が担当します。

⦿試験の申請は書面によるほか、インターネットから行う電子申請が利用できます。

⦿電子申請は、一般財団法人　消防試験研究センターのホームページにアクセスして行います。

⦿書面による申請は、消防試験研究センター各道府県支部及び関係機関・各消防本部などで願書を配布（無料）しているので、それを入手して行います。

第1章

危険物に関する法令

1 消防法で定める危険物

◉消防法で定める危険物とは、法別表第1の品名欄に掲げる物品で、同表に定める区分に応じ同表の性質欄に掲げる性状を有するものをいう。

◉法別表第1では、危険物を第1類から第6類までに分類している。

◉危険物はすべて固体または液体で、気体のものはない。

種別	性質	品名
第1類	酸化性個体	塩素酸塩類 過マンガン酸塩 硝酸塩類
第2類	可燃性個体	硫化りん、赤 硫黄、金属粉 マグネシウム 引火性個体
第3類	自然発火性物質 及び禁水性物質 （個体または液体）	カリウム ナトリウム アルキルリチウム 黄りん
第4類	引火性液体	特殊 第1 類 アルコー 動植物油
第5類	自己反応性物質 （個体または液体）	有機過酸化 ニトロ化合物
第6類	酸化性液体	過塩素酸 過酸化水素、硝酸

1．消防法と法令

消防法は「火災を予防し、警戒し及び鎮圧し、国民の生命、身体及び財産を火災から保護する」を目的とし、危険物取扱者試験では「法」⇒「消防法」を指す。

また、「法令」といった場合、「消防法」「危険物の規制に関する政令」「危険物の規制に関する規則」を指す。消防法などの法律は国会で制定され、政令は内閣が制定する。また、規則は各省の大臣が制定するため、省令とも呼ばれる。

2. 消防法の別表第1

類別	性質	品名	特徴
第1類	酸化性固体	塩素酸塩類 過マンガン酸塩類 硝酸塩類	物質そのものは不燃性だが、他の物質を強く酸化させる性質をもつ。可燃物と混ぜて衝撃・熱・摩擦を加えると激しい燃焼が起こるもの。
第2類	可燃性固体	硫化りん、赤りん 硫黄、金属粉 マグネシウム 引火性固体	火炎で着火しやすいもの、または比較的低温(40℃未満)で引火しやすいもの。
第3類	自然発火性物質及び禁水性物質(固体または液体)	カリウム ナトリウム アルキルリチウム 黄りん	空気にさらされると自然発火するおそれのあるもの、または水と接触すると発火または可燃性ガスを発生するもの。
第4類	引火性液体	特殊引火物 第1～4石油類 アルコール類 動植物油類	引火性があり、蒸気を発生させ引火や爆発のおそれのあるもの。
第5類	自己反応性物質(固体または液体)	有機過酸化物 ニトロ化合物	比較的低温で加熱分解等の自己反応を起こし、爆発や多量の熱を発生させるもの、または爆発的に反応が進行するもの。
第6類	酸化性液体	過塩素酸 過酸化水素 硝酸	物質そのものは不燃性だが、他の物質を強く酸化させる性質をもつ。可燃物と混ぜると燃焼を促進させるもの。

3. 消防法の危険物に該当しない物

一般に危険物といった場合、危険性のある物質全般を指す。具体的には、火薬や放射性物質、高圧ガス容器、毒物などが対象となる。しかし、消防法では別表第1を用いて「危険物」を定義するとともに、**第1類から第6類**に分類している。

別表第1によると、危険物の対象となるのは**固体**または**液体**であり、**気体は対象外**としている。プロパンなどの高圧ガスは、高圧ガス保安法で規制されている。

一般の「危険物」	「危険性のある物質全般」⇒ 毒物なども入る

消防法の「危険物」	「消防法 別表第1で定義されているもの」 ⇒ 同表に該当しないものは「危険物」とはならない

Q 過去問題

問1 法に定める危険物について、次のうち正しいものはどれか。

☐ 1．第1類～第6類までに分類されている。
2．甲種危険物と乙種危険物とに区分されている。
3．すべて常温（20℃）で液体である。
4．危険物とは「法別表第1に掲げる発火性又は引火性物品をいう。」と定義されている。

問2 法で定められている危険物について、次のうち正しいものはどれか。

☐ 1．可燃性ガスは、第1類の危険物である。
2．可燃性物品のすべてが危険物に該当する。
3．「危険物とは、別表に掲げる発火性又は引火性物品をいう。」と定義されている。
4．第1類から第6類までに分類されている。

問3 法令で定める危険物について、次のうち正しいものはどれか。

☐ 1．甲種危険物及び乙種危険物に区分されている。
2．液体又は固体の可燃性物品は、すべて危険物に該当する。
3．危険物とは「法別表第1に掲げる発火性または引火性物品をいう。」と定義されている。
4．第1類から第6類までに分類されている。

問4 法に定める危険物について、次のうち正しいものはどれか。

☐ 1．すべて引火性物品である。
2．甲種危険物と乙種危険物がある。
3．すべて可燃性物品である。
4．第1類から第6類までに分類される。

A 正解と解説

問1 正解1

2．危険物取扱者免状に甲種危険物取扱者と乙種危険物取扱者の区分は存在するが、危険物に甲種と乙種という区分はない。

3．危険物は、常温（20℃）・常圧（1気圧）で固体または液体である。

4．消防法で定める危険物とは、法別表第1の品名欄に掲げる物品で、同表に定める区分に応じ同表の性質欄に掲げる性状を有するものをいう。

問2 正解4

1．ガス（気体）は、危険物に該当しない。

2．紙や木材は可燃性物質であるが、それらは危険物に該当しない。

3．消防法で定める危険物とは、法別表第1の品名欄に掲げる物品で、同表に定める区分に応じ同表の性質欄に掲げる性状を有するものをいう。

問3 正解4

1．危険物取扱者免状に甲種危険物取扱者と乙種危険物取扱者の区分は存在するが、危険物に甲種と乙種という区分はない。

2．可燃性物品のすべてが危険物に該当するわけではない。

3．消防法で定める危険物とは、法別表第1の品名欄に掲げる物品で、同表に定める区分に応じ同表の性質欄に掲げる性状を有するものをいう。

問4 正解4

1＆3．危険物のすべてが引火性や可燃性を示すわけではない。引火性を示すのは主に第4類の危険物であるが、第1類や第6類の危険物は、不燃性の酸化性物質である。

2 第4類の品名と物品名

これだけ覚える!!

◉第4類（引火性液体）は
石油類 アルコール類 動植物油類 に分類。
◉石油類はさらに、以下のように分類されている。

- 第1石油類 ……ガソリン
- 第2石油類 ……灯油・軽油
- 第3石油類 ……重油・クレオソート油
- 第4石油類 ……潤滑油

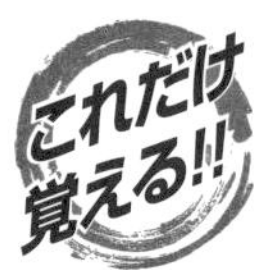

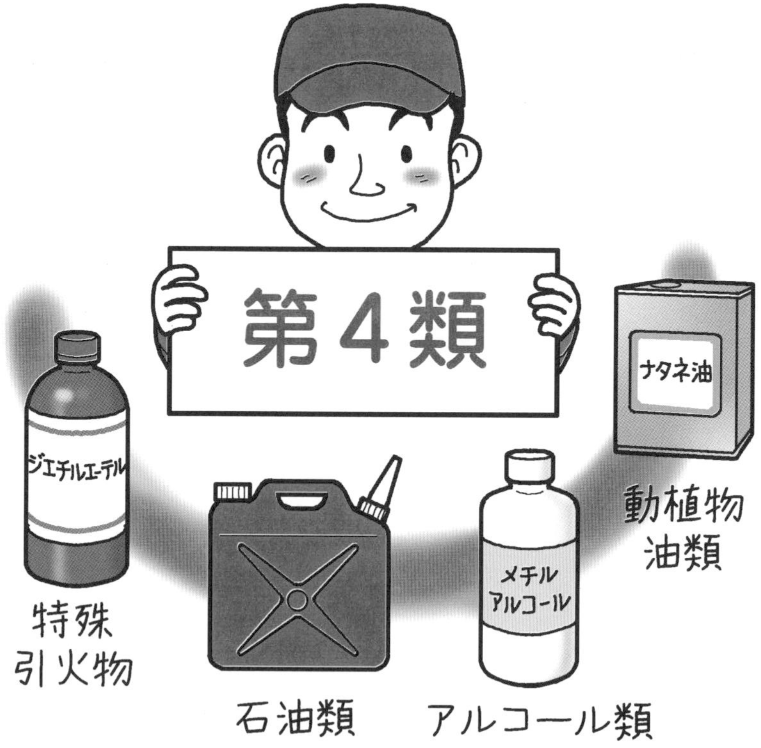
第4類
ジエチルエーテル
特殊
引火物
石油類
メチル
アルコール
アルコール類
ナタネ油
動植物
油類

1．第4類の危険物の分類

品　名		代表的な危険物の物品名	定義（法別表第1の備考）
特殊引火物		▪ジエチルエーテル ▪二硫化炭素 ▪アセトアルデヒド	発火点が 100℃以下 または引火点が－20℃以下で沸点が 40℃以下
第1石油類	非水溶性	▪ガソリン　▪ベンゼン	引火点が 21℃未満
	水溶性	▪アセトン	
第2石油類	非水溶性	▪灯油　▪軽油	引火点が 21℃以上 70℃未満
	水溶性	▪酢酸	
第3石油類	非水溶性	▪重油　▪クレオソート油	引火点が 70℃以上 200℃未満
	水溶性	▪グリセリン	
第4石油類		▪潤滑油（ギヤー油、シリンダー油、タービン油、モーター油） ▪可塑剤（リン酸トリクレジル）	潤滑油などで、液状であり、引火点が 200℃以上 250℃未満
アルコール類		▪メタノール　▪エタノール	－
動植物油類		▪アマニ油　▪キリ油 ▪ナタネ油　▪ゴマ油 ▪ヤシ油　▪オリーブ油	動物の脂肉または植物の種子等から抽出した油で、引火点が 250℃未満

第1石油類、第2石油類、及び第3石油類は、さらに**非水溶性**と**水溶性**に分類される。

クレオソート油は、粘ちゅう性の油状液体で、濃黄褐色から黒色をしている。コールタールをさらに蒸留して得られる。木材の防腐剤や防虫剤などに使われる。

第4石油類には「可塑剤」と「潤滑油」があり、潤滑油などは使用箇所に応じて多様な名称（ギヤー油、シリンダー油など）が付けられているが、法令において明確な定義はされていない。また、一部の潤滑油に第3石油類のものもあるが、多くは第4石油類である。

第1石油類、第2石油類、第3石油類及び第4石油類は、**引火性液体の引火点**で分類されている。

第1章 危険物に関する法令

Q 過去問題

問1 法に定める危険物について、次のうち誤っているものはどれか。

☐ 1．ガソリンは、第１石油類に該当する。
2．灯油は、第２石油類に該当する。
3．重油は、第３石油類に該当する。
4．クレオソート油は、第４石油類に該当する。

問2 法に定める危険物について、次のうち正しいものはどれか。

☐ 1．灯油は、第１石油類に該当する。
2．ギヤー油は、第４石油類に該当する。
3．軽油は、第３石油類に該当する。
4．重油は、第２石油類に該当する。

問3 法別表第１の第４類の品名欄に掲げられていないものは、次のうちどれか。

☐ 1．第３石油類
2．第４石油類
3．引火性固体
4．動植物油類

問4 法に定める第４類の危険物に該当するものは、次のうちどれか。

☐ 1．クレオソート油
2．赤りん
3．固形アルコール
4．硝酸

問5 法に定める危険物について、次のA～Dのうち、誤っているものを組み合せたものはどれか。

A．ガソリンは特殊引火物に該当する。
B．エタノールはアルコール類に該当する。
C．灯油は第１石油類に該当する。
D．軽油は第２石油類に該当する。

☐ 1．AとB　　2．AとC
3．BとD　　4．CとD

A 正解と解説

問1 正解4

4．クレオソート油は、コールタールを蒸留して得られる油状液体で、木材の防腐剤などに用いる。重油と同じ第３石油類に該当する。

問2 正解2

1＆3．灯油と軽油は、いずれも第２石油類に該当する。

4．重油は第３石油類に該当する。

問3 正解3

3．引火性固体は、第２類（可燃性固体）の品名欄に掲げられている。

問4 正解1

2～3．赤りんと固形アルコールは、第２類（可燃性固体）に該当する。

4．硝酸は、第６類（酸化性液体）に該当する。

問5 正解2

A．ガソリンは、第１石油類に該当する。特殊引火物に該当するのはジエチルエーテルや二硫化炭素などである。

C＆D．灯油と軽油は、いずれも第２石油類に該当する。

3 第４類の指定数量

◉指定数量は、危険性の高いものほど少量になる。

◉石油類（非水溶性）及び動植物油類の指定数量は、以下のように定められている。

- 第１石油類 … 200 ℓ
- 第２石油類 …1,000 ℓ
- 第３石油類 …2,000 ℓ
- 第４石油類 … 6,000 ℓ
- 動植物油類 …10,000 ℓ

◉指定数量以上を貯蔵・取り扱う場合は、消防法について法令の規制を受ける。

◉指定数量未満を貯蔵・取り扱う場合は、市町村条例による規制を受ける。

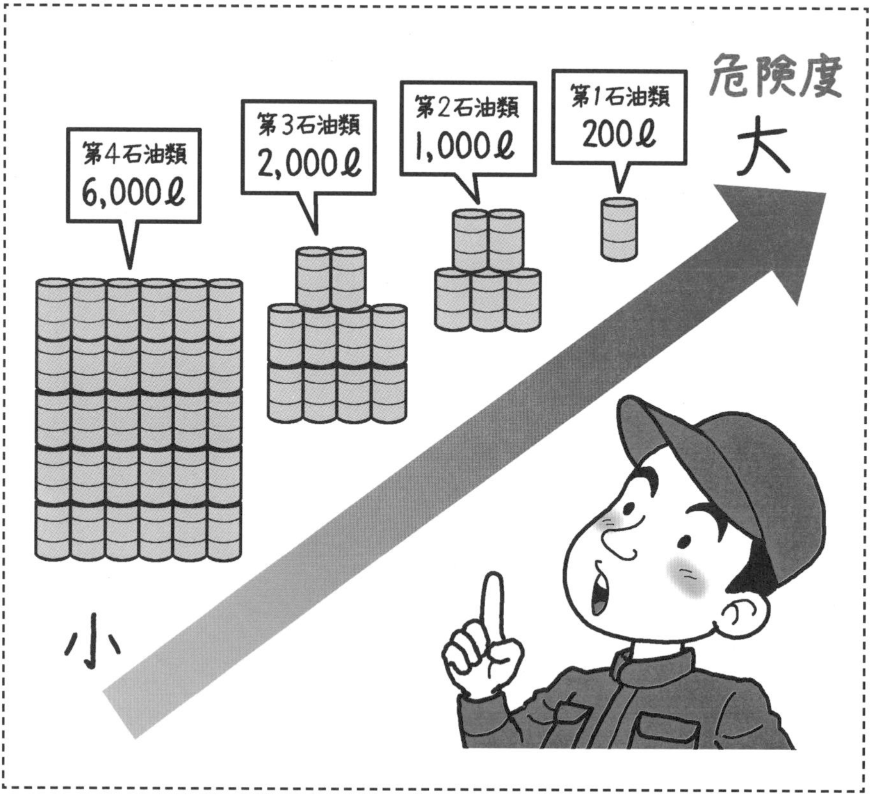

第4石油類
6,000ℓ
第3石油類
2,000ℓ
第2石油類
1,000ℓ
第1石油類
200ℓ
危険度
大
小

1．指定数量

指定数量は、危険物の貯蔵・取扱いが消防法令の規制を受ける際の基準量となるものである。**危険物の品名ごと**に法令で定められている。

例えば、第1石油類のガソリンは指定数量が 200ℓ であり、200ℓ 以上のガソリンを貯蔵・取り扱う場合は、消防法令の規制を受ける。

ただし、指定数量未満の危険物を貯蔵・取り扱う場合については、各市町村条例により規制を受ける。ほとんどの市町村では、指定数量の5分の1以上～指定数量未満の危険物を貯蔵・取り扱う場合、少量危険物貯蔵取扱所としてその場所を管轄する消防署に届け出るよう義務づけている。

指定数量以上の危険物の貯蔵・取扱い	消防法で規制

指定数量未満の危険物の貯蔵・取扱い	市町村条例で規制

2．非水溶性と水溶性

法令では、第1石油類～第3石油類の指定数量について、非水溶性と水溶性に分けて量を規定している。具体的には、各石油類ごとに水溶性の指定数量を非水溶性の2倍に設定している。

品 名		指定数量	丙種で取扱い可の主な物品名
第1石油類	非水溶性	200ℓ	**ガソリン**のみOK
	水溶性	400ℓ	（丙種 取扱い不可）
第2石油類	非水溶性	1,000ℓ	**灯油**・**軽油**のみOK
	水溶性	2,000ℓ	（丙種 取扱い不可）
第3石油類	非水溶性	2,000ℓ	**重油**・潤滑油など
	水溶性	4,000ℓ	グリセリン
第4石油類	－	6,000ℓ	すべてOK（**ギヤー油**などの潤滑油）
動植物油類	－	10,000ℓ	すべてOK（アマニ油など）

※最近の試験では、水溶性の危険物について指定数量は出題されていない。

Q 過去問題

問1 法に定める危険物について、次のうち誤っているものはどれか。

☐ 1．第１類から第６類までに分類されている。
2．第４類の品名には、第１石油類、第２石油類などがある。
3．第１石油類の指定数量は、第２石油類の指定数量の２倍である。
4．ガソリンは、第１石油類に該当する。

問2 法令で定める危険物について、次のうち正しいものはどれか。

☐ 1．甲種危険物、乙種危険物及び丙種危険物に区分されている。
2．第１類から第６類までに分類されている。
3．同じ類に属する危険物の指定数量は、すべて同じである。
4．危険物とは「法別表第１に掲げる発火性又は引火性物品をいう。」と定義されている。

問3 法令上、次の物品名と指定数量との組合せとして、正しいものはどれか。

	物品名	指定数量
☐ 1．	ガソリン	100 ℓ
2．	灯油	600 ℓ
3．	ギヤー油	4,000 ℓ
4．	重油	2,000 ℓ

問4 法令上、指定数量に関する説明として、次のうち正しいものはどれか。

☐ 1．軽油の指定数量は、200 ℓ 入りの金属製ドラム２本分である。
2．灯油の指定数量は、200 ℓ 入りの金属製ドラム３本分である。
3．重油の指定数量は、200 ℓ 入りの金属製ドラム10本分である。
4．ギヤー油の指定数量は、200 ℓ 入りの金属製ドラム20本分である。

問5 指定数量未満の危険物を取り扱う場合の基準について、次のうち正しいものはどれか。

☐ 1．特に定めはない。
2．指定可燃物として定められている。
3．市町村条例で定められている。
4．都道府県条例で定められている。

A 正解と解説

問1 正解3

3．指定数量は第１石油類が200ℓであるのに対し、第２石油類は1,000ℓである。従って、第１石油類は第２石油類の５分の１の指定数量である。

問2 正解2

1．甲種・乙種・丙種は危険物取扱者の免状の区分で、消防法における危険物は、第１類～第６類に分類されている。

3．同じ類の危険物でも、品名や性質によって指定数量は異なる。第４類（引火性液体）の指定数量では、ガソリン 200ℓ、灯油・軽油 1,000ℓ、重油 2,000ℓ、潤滑油 6,000ℓでそれぞれ異なる。

4．消防法で定める危険物とは、法別表第１の品名欄に掲げる物品で、同表に定める区分に応じ同表の性質欄に掲げる性状を有するものをいう。

問3 正解4

ガソリン 200ℓ、灯油・軽油 1,000ℓ、ギヤー油 6,000ℓ、重油 2,000ℓ。

問4 正解3

1＆2．灯油・軽油の指定数量は1,000ℓであることから、200ℓ入りの金属製ドラム５本分となる。

4．ギヤー油の指定数量は6,000ℓであることから、200ℓ入りの金属製ドラム30本分となる。

問5 正解3

3．指定数量未満の危険物を取り扱う場合の基準は、市町村条例で定められている。

4 指定数量の倍数の計算方法

◉貯蔵・取り扱う危険物が１種類のときの倍数

$$倍数 = \frac{貯蔵・取扱う危険物の数量}{危険物の指定数量}$$

◉貯蔵・取り扱う危険物が３種類（A・B・C）のときの倍数

$$倍数 = \frac{Aの数量}{Aの指定数量} + \frac{Bの数量}{Bの指定数量} + \frac{Cの数量}{Cの指定数量}$$

	ガソリン 1,000ℓ	灯油 1,000ℓ	重油 1,000ℓ
指定数量	200ℓ	1,000ℓ	2,000ℓ
倍数	5	1	0.5

1．指定数量の倍数の計算例

ガソリン 1,000 ℓ、灯油 1,000 ℓ、重油 1,000 ℓ を貯蔵する場合、指定数量の倍数は次のとおりとなる。

$$倍数 = \frac{1{,}000ℓ\ (ガソリン数量)}{200ℓ\ (第１石油類の指定数量)} + \frac{1{,}000ℓ\ (灯油数量)}{1{,}000ℓ\ (第２石油類の指定数量)} + \frac{1{,}000ℓ\ (重油数量)}{2{,}000ℓ\ (第３石油類の指定数量)} = 5 + 1 + 0.5 = \underline{\underline{6.5}}$$

Q 過去問題

問1 法令上、指定数量について、次のうち誤っているものはどれか。

☐ 1．動植物油類 20,000 ℓ は、指定数量の２倍である。
2．灯油2,000 ℓ は、指定数量の２倍である。
3．ガソリン600 ℓ は、指定数量の３倍である。
4．重油4,000 ℓ は、指定数量の４倍である。

問2 指定数量の倍数が最も大きくなる危険物の組合せは、次のうちどれか。なお、物品ごとの指定数量は以下のとおりである。

物品名	指定数量
ガソリン	200 ℓ
軽油	1,000 ℓ
重油	2,000 ℓ

☐ 1．ガソリン 2,000 ℓ と灯油 6,000 ℓ
2．灯油4,000 ℓ と重油4,000 ℓ
3．重油6,000 ℓ と軽油2,000 ℓ
4．軽油7,000 ℓ とガソリン1,000 ℓ

問3 法令上、同一の場所において、次の危険物を貯蔵する場合、貯蔵している危険物の指定数量の倍数はいくつか。

物品名	指定数量	貯蔵量
ガソリン	200 ℓ	100 ℓ
軽油	1,000 ℓ	500 ℓ
重油	2,000 ℓ	3,000 ℓ

☐ 1．0.9
2．1.1
3．2.5
4．4.7

問4 法令上、以下の危険物を同一場所に貯蔵している場合、指定数量の倍数はいくつになるか。

▪ガソリン…6,000 ℓ	▪灯油…6,000 ℓ
▪軽油………6,000 ℓ	▪重油…6,000 ℓ

☐ 1．42倍　　2．45倍
3．86倍　　4．87倍

問5 製造所等で自動車ガソリン 1,000 ℓ、軽油 5,000 ℓ、重油 10,000 ℓ を貯蔵し、又は取り扱っている。法令上、この製造所等の指定数量の倍数の求め方として、次のうち適切なものはどれか。

☐ 1．$\frac{1,000}{200}+\frac{5,000}{1,000}+\frac{10,000}{2,000}=15.0$（倍）

2．$\frac{1,000}{100}+\frac{5,000}{1,000}+\frac{10,000}{2,000}=5.2$（倍）

3．$\frac{1,000}{400}+\frac{5,000}{1,000}+\frac{10,000}{4,000}=10.0$（倍）

4．$\frac{1,000}{200}+\frac{5,000}{500}+\frac{10,000}{1,000}=9.4$（倍）

問6 ある移動タンク貯蔵所において、自動車ガソリン 2,000 ℓ、軽油 2,000 ℓ 及び灯油 4,000 ℓ を移送している。法令上、この場合の貯蔵数量は、指定数量の何倍になるか。

☐ 1．8倍　　2．14倍
3．16倍　　4．20倍

問7 次に掲げる危険物を同一の場所で貯蔵している場合、法令上、指定数量の何倍の危険物を貯蔵していることになるか。

- ガソリン……600 ℓ
- 灯油………4,000 ℓ
- 重油………6,000 ℓ

☐ 1．8倍　　2．10倍
3．12倍　　4．14倍

A 正解と解説

問1 正解4

1．動植物油類の指定数量は10,000ℓである。従って、20,000ℓは指定数量の2倍である。

2．灯油（第2石油類）の指定数量は1,000ℓである。従って、2,000ℓは指定数量の2倍である。

3．ガソリン（第1石油類）の指定数量は200ℓである。従って、600ℓは指定数量の3倍である。

4．重油（第3石油類）の指定数量は2,000ℓである。従って、4,000ℓは指定数量の2倍である。

問2 正解1

1．$倍率 = \frac{2{,}000\,\ell}{200\,\ell} + \frac{6{,}000\,\ell}{1{,}000\,\ell} = 10 + 6 = 16$

2．$倍率 = \frac{4{,}000\,\ell}{1{,}000\,\ell} + \frac{4{,}000\,\ell}{2{,}000\,\ell} = 4 + 2 = 6$

3．$倍率 = \frac{6{,}000\,\ell}{2{,}000\,\ell} + \frac{2{,}000\,\ell}{1{,}000\,\ell} = 3 + 2 = 5$

4．$倍率 = \frac{7{,}000\,\ell}{1{,}000\,\ell} + \frac{1{,}000\,\ell}{200\,\ell} = 7 + 5 = 12$

問3 正解3

$$倍率 = \frac{100\,\ell}{200\,\ell} + \frac{500\,\ell}{1{,}000\,\ell} + \frac{3{,}000\,\ell}{2{,}000\,\ell} = 0.5 + 0.5 + 1.5 = 2.5$$

問4 正解2

$$倍率 = \frac{6{,}000\,\ell}{200\,\ell} + \frac{6{,}000\,\ell}{1{,}000\,\ell} + \frac{6{,}000\,\ell}{1{,}000\,\ell} + \frac{6{,}000\,\ell}{2{,}000\,\ell} = 30 + 6 + 6 + 3 = 45$$

問5 正解1

指定数量は、自動車ガソリン（第1石油類）…200ℓ、軽油（第2石油類）…1,000ℓ、重油（第3石油類）…2,000ℓである。

問6 正解3

$$倍率 = \frac{2{,}000\,\ell}{200\,\ell} + \frac{2{,}000\,\ell}{1{,}000\,\ell} + \frac{4{,}000\,\ell}{1{,}000\,\ell} = 10 + 2 + 4 = 16$$

問7 正解2

$$倍率 = \frac{600\,\ell}{200\,\ell} + \frac{4{,}000\,\ell}{1{,}000\,\ell} + \frac{6{,}000\,\ell}{2{,}000\,\ell} = 3 + 4 + 3 = 10$$

5 危険物施設の区分

◉移動タンク貯蔵所は、主に車両のタンクローリーが該当し、鉄道貨車のタンク車や船舶は含まない。

◉一般取扱所は、給油取扱所・販売取扱所・移送取扱所以外の取扱所。

◉屋外貯蔵所では、貯蔵できる危険物が制限されている。第４類（引火性液体）の場合、特殊引火物とガソリンは貯蔵することができない。

移動タンク貯蔵所

除外
鉄道貨車のタンク車

一般取扱所

給油取扱所（ガソリンスタンド）
販売取扱所（塗料店等）
移送取扱所（パイプライン等）
上記の３つ以外

屋外貯蔵所

貯蔵できないもの
特殊引火物（引火点－20℃以下）
ガソリン（引火点－40℃以下）

1．製造所・貯蔵所・取扱所の区分

指定数量以上の危険物を貯蔵し、または取り扱う施設は、製造所、貯蔵所、取扱所の３種類に区分される。法令では、これら３つの施設を「**製造所等**」という。

①**製造所**：危険物を製造（合成・分解）する施設。

②**貯蔵所**：危険物を貯蔵し、または取り扱う施設で、以下の７つに分けられる。

屋内貯蔵所	**屋内の場所**において、**容器入り**（ドラム缶等）の危険物を貯蔵し、または取り扱う貯蔵所
屋外タンク貯蔵所	**屋外にあるタンク**において危険物を貯蔵し、または取り扱う貯蔵所
屋内タンク貯蔵所	**屋内にあるタンク**において危険物を貯蔵し、または取り扱う貯蔵所
地下タンク貯蔵所	**地盤面下に埋没されているタンク**において危険物を貯蔵し、または取り扱う貯蔵所
簡易タンク貯蔵所	**簡易タンク（600ℓ以下）**において危険物を貯蔵し、または取り扱う貯蔵所
移動タンク貯蔵所	**車両に固定されたタンク**において危険物を貯蔵し、または取り扱う貯蔵所。タンクローリーが該当 （➡ **鉄道の車両や船舶などは対象外**）
屋外貯蔵所	**屋外の場所**（タンクを除く）において、塊状の硫黄を除き、**容器入り**（ドラム缶等）の危険物を貯蔵し、または取り扱う貯蔵所。以下の危険物のみOK。 第２類の危険物（可燃性固体） ・硫黄 ・引火性固体（引火点が0℃以上のもの） 第４類の危険物（引火性液体） ・第１石油類 （引火点が0℃以上のもの ➡ **ガソリン不可**） ・アルコール類 ・第２～４石油類 ・動植物油類

※硫黄は黄色～褐色の固体で非水溶性であり、火薬などの原料となる。また、引火性固体とは、固形アルコールその他１気圧において引火点が40℃未満のものをいい、ゴムのりやラッカーパテなどが該当する。

※第４類・第１石油類のガソリンは、引火点が－40℃以下であるため、屋外貯蔵所では貯蔵・取り扱うことができない。

③**取扱所**：製造目的以外で、危険物を取り扱う（給油、販売、移送など）施設。

区分		内容
給油取扱所		**固定した給油設備によって自動車等の燃料タンクに直接給油**するため危険物を取り扱う取扱所。ガソリンスタンドが該当。 また、灯油を容器に詰め替えることも認められている
販売取扱所		**店舗**において**容器入りのままで販売**するため危険物を取り扱う取扱所
	第１種	指定数量の倍数が 15 以下のもの 塗料やシンナーを取り扱う塗料小売店等が該当
	第２種	指定数量の倍数が 15 を超え 40 以下のもの
移送取扱所		**配管及びパイプ並びにこれらに付属する設備**によって危険物の**移送の取扱い**を行う取扱所。地下や海底に埋め込んであるパイプ、地上に配置してあるパイプ及びそのポンプなどが該当 （➡ いわゆる「パイプライン」が該当する）
一般取扱所		給油取扱所、販売取扱所、移送取扱所**以外**で危険物の取扱いをする取扱所。燃料に大量の重油等を使用するボイラー施設などが該当

Q 過去問題

問１ 法令で定める製造所等の区分に関する説明について、次のうち誤っているものはどれか。

☐ 1．地下タンク貯蔵所…地盤面下に埋没されているタンクにおいて危険物を貯蔵し、又は取り扱う貯蔵所

2．給油取扱所…………配管及びポンプ並びにこれらに付属する設備によって地下タンク、又は屋内タンク等に給油するため危険物を取り扱う取扱所

3．屋外タンク貯蔵所…屋外にあるタンクにおいて危険物を貯蔵し、又は取り扱う貯蔵所

4．屋内貯蔵所…………屋内の場所において危険物を貯蔵し、又は取り扱う貯蔵所

問2 法令で定める貯蔵所の区分に関する説明として、次のうち正しいものはどれか。

☐ 1．屋外タンク貯蔵所…屋外に設けられた簡易貯蔵タンクにおいて第４類のみの危険物を貯蔵し、又は取り扱う貯蔵所
2．屋内タンク貯蔵所…屋内に設けられた簡易貯蔵タンクにおいて危険物を貯蔵し、又は取り扱う貯蔵所
3．地下タンク貯蔵所…地盤面下に埋没されたタンクにおいて危険物を貯蔵し、又は取り扱う貯蔵所
4．移動タンク貯蔵所…車両、鉄道の貨車又は船舶に固定されたタンクにおいて危険物を貯蔵し、又は取り扱う貯蔵所

問3 法令で定める製造所等の区分に関する説明について、次のうち誤っているものはどれか。

☐ 1．地下タンク貯蔵所…地盤面下に埋没されているタンクにおいて危険物を貯蔵し、又は取り扱う貯蔵所
2．給油取扱所…………配管及びポンプ並びにこれらに付属する設備によって地下タンク、又は屋内タンク等に給油するため危険物を取り扱う取扱所
3．簡易タンク貯蔵所…簡易タンク（600ℓ以下）において危険物を貯蔵し、又は取り扱う貯蔵所
4．販売取扱所…………店舗において容器入りのままで販売するため危険物を取り扱う取扱所

問4 法令で定める貯蔵所及び取扱所の区分に関する説明として、次のうち正しいものはどれか。

☐ 1．簡易タンク貯蔵所…容器において危険物を貯蔵し、又は取り扱う貯蔵所
2．移動タンク貯蔵所…車両、鉄道の貨車又は船舶に固定されたタンクにおいて危険物を貯蔵し、又は取り扱う貯蔵所
3．一般取扱所…………一般の店舗において容器入りのままで販売するため危険物を取り扱う取扱所
4．屋内貯蔵所…………屋内の場所において危険物を貯蔵し、又は取り扱う貯蔵所

問5 法令で定める貯蔵所の区分に関する説明として、次のうち誤っているものはどれか。

☐ 1．屋内貯蔵所…………屋内の場所において危険物を貯蔵し、又は取り扱う貯蔵所
2．移動タンク貯蔵所…車両に固定されたタンクにおいて危険物を貯蔵し、又は取り扱う貯蔵所
3．地下タンク貯蔵所…地盤面下に埋没されているタンクにおいて危険物を貯蔵し、又は取り扱う貯蔵所
4．屋外貯蔵所…………屋外の場所において、第４類の危険物のうち、特殊引火物を除く危険物を貯蔵し、又は取り扱う貯蔵所

問6 法令で定める貯蔵所及び取扱所の区分に関する説明として、次のうち正しいものはどれか。

☐ 1．移動タンク貯蔵所…車両、鉄道の貨車又は船舶に固定されたタンクにおいて危険物を貯蔵し、又は取り扱う貯蔵所
2．一般取扱所…………一般の店舗において容器入りのままで販売するため危険物を取り扱う取扱所
3．地下タンク貯蔵所…地盤面下に埋没されたタンクにおいて危険物を貯蔵し、又は取り扱う貯蔵所
4．屋外貯蔵所…………屋外の場所において、第４類の危険物を貯蔵し、又は取り扱う貯蔵所

問7 第４類危険物のうち、ガソリン（自動車用ガソリン）を貯蔵できないものはどれか。

☐ 1．移動タンク貯蔵所
2．簡易タンク貯蔵所
3．地下タンク貯蔵所
4．屋外貯蔵所

問8 法令上、屋外貯蔵所において貯蔵し、又は取り扱うことができない第４類の危険物は、次のうちどれか。

☐ 1．特殊引火物
2．第２石油類
3．第３石油類
4．アルコール類

A 正解と解説

問1 正解2

2．給油取扱所…固定した給油設備によって自動車等の燃料タンクに直接給油するため危険物を取り扱う取扱所。ガソリンスタンドが該当する。

問2 正解3

1．屋外タンク貯蔵所…屋外に設けられたタンクにおいて危険物を貯蔵し、または取り扱う貯蔵所

2．屋内タンク貯蔵所…屋内に設けられたタンクにおいて危険物を貯蔵し、または取り扱う貯蔵所

4．移動タンク貯蔵所…車両に固定されたタンクにおいて危険物を貯蔵し、または取り扱う貯蔵所

問3 正解2

2．給油取扱所…固定した給油設備によって自動車等の燃料タンクに直接給油するため危険物を取り扱う取扱所。ガソリンスタンドが該当する。

問4 正解4

1．簡易タンク貯蔵所…簡易タンク（600ℓ以下）において危険物を貯蔵し、または取り扱う貯蔵所

2．移動タンク貯蔵所…車両に固定されたタンクにおいて危険物を貯蔵し、または取り扱う貯蔵所

3．店舗において容器入りのままで販売するため危険物を取り扱う取扱所は、販売取扱所である。

問5 正解4

4．屋外貯蔵所は、貯蔵し、または取り扱える危険物が限定されている。第4類（引火性液体）については、特殊引火物と第1石油類のガソリンが除外されている。

問6 正解3

1．移動タンク貯蔵所…車両に固定されたタンクにおいて危険物を貯蔵し、または取り扱う貯蔵所

2．店舗において容器入りのままで販売するため危険物を取り扱う取扱所は、販売取扱所。一般取扱所は、給油取扱所・販売取扱所・移送取扱所以外の取扱所である。

4．屋外貯蔵所は、貯蔵し、または取り扱える危険物が限定されている。第4類（引火性液体）については、特殊引火物と引火点0℃未満の第1石油類（ガソリン等）が除外されている。

問7 正解4

4．屋外貯蔵所では、ガソリンを貯蔵することができない。

問8 正解1

6 製造所等の設置・変更の手続き

◉製造所等の設置・変更手続きの流れ

（製造所等の所有者等：所／市町村長等：市）

所 設置・変更の申請 ➡ 市 設置・変更の許可証の交付 ➡
所 工事に着手 … 工事の終了 ➡ 所 完成検査の申請 ➡
市 完成検査 ➡ 市 完成検査済証の交付（検査に合格）➡
所 製造所等の使用開始

◉液体危険物タンクを設置・変更する場合は、工事が終了する前に、タンクの完成検査前検査を申請して検査を受ける。

設置の申請

市長村長等

設置許可証の交付

市町村長等

完成検査

完成検査済証

完成検査済証の交付

市町村長等

1．設置・変更の手続き

①製造所等を設置しようとする者は、**市町村長等**に申請し、**設置の許可**を受けなくてはならない。また、製造所等の**位置、構造または設備**を**変更**しようとする者も、同様の**許可**を受けなくてはならない。

②市町村長等は、申請のあった製造所等の**位置、構造及び設備**が**技術上の基準**に**適合**していると認めたときは、**設置・変更の許可証を交付**しなければならない。

③設置・変更の許可を受けた者は、工事に着手し終了したときは、**市町村長等**に**完成検査の申請**を行い、**完成検査**を受け、これらが**技術上の基準に適合**していると認められた後でなければ、これを使用してはならない。

④市町村長等は、**完成検査**を行った結果、製造所等がそれぞれ定める**技術上の基準に適合**していると認めたときは、当該完成検査の申請をした者に**完成検査済証を交付**するものとする。

2．市町村長等

法令では、製造所等を設置・変更の手続きにおいて、製造所等の設置場所により申請先及び許可を与える者が異なっている。一般には、その区域を管轄する市町村長が申請先となり、許可を与える。ただし、移送取扱所（パイプラインなど）で2つ以上の市町村にまたがっている場合は、その区域を管轄する都道府県知事が申請先となり、許可を与える。また、同じく移送取扱所で2つ以上の都道府県にまたがっている場合は、総務大臣が申請先となり、許可を与える。

法令で「**市町村長等**」となっている場合は、**市町村長**、**都道府県知事**及び**総務大臣**のいずれかとなる。

	設置・変更する施設	申請先
製造所等	消防本部及び消防署を設置している市町村に施設を設置・変更をする（移送取扱所を除く）	市町村長
	消防本部及び消防署を設置していない市町村に施設を設置・変更をする（移送取扱所を除く）	都道府県知事
移送取扱所	消防本部及び消防署を設置している1つの市町村に施設を設置・変更をする	市町村長
	消防本部及び消防署を設置していない市町村、または2つ以上の市町村にまたがる場所に施設を設置・変更をする	都道府県知事
	2つ以上の都道府県にまたがる場所に施設を設置・変更をする	総務大臣

3．完成検査前検査

液体の危険物を貯蔵し、または取り扱う**タンク**を設置・変更する場合は、製造所等の全体の**完成検査を受ける前**に、市町村長等が行う**完成検査前検査**を受けなければならない。

完成検査前検査では、**工事が完了してしまうと検査できなくなるタンク内部**などを検査する。具体的には、タンクの水圧検査や基礎・地盤検査となる。

Q 過去問題

問1 法令上、製造所等を設置する場合、許可をする者として、次のうち正しいものはどれか。

☐ 1．消防団長
2．消防署長
3．消防長
4．市町村長等

問2 法令上、許可を受け、変更の工事を行った製造所等の使用開始日について、次のうち最も適切なものはどれか。

☐ 1．許可を受けた日から使用できる。
2．工事完了届を市町村長等に提出した日から使用できる。
3．完成検査済証の交付を受けた日から使用できる。
4．完成検査を実施した日から使用できる。

問3 法令上、製造所等の設置許可を受けた者が、当該製造所等を設置したときの手続きとして、次のうち正しいものはどれか。

☐ 1．消防署長が行う完成検査を受け、火災予防上安全と認められた後でなければ、使用してはならない。
2．市町村長等が行う完成検査を受け、これが製造所等の位置、構造及び設備の技術上の基準に適合していると認められた後でなければ、使用してはならない。
3．市町村長等に完成の届出をした後でなければ、使用してはならない。
4．許可どおりに完成すれば、市町村長等の完成検査を受けなくても使用することができる。

問4 法令上、製造所の設置等について、次のうち正しいものはどれか。

☐ 1．設置工事が終了し、完成検査済証を交付された後でなければ、製造所を使用できない。
2．製造所の設置工事では、完成検査前検査と完成検査を同時に実施できる。
3．変更の許可の申請をすれば、申請日から工事に着手できる。
4．変更の許可を受ければ、当該変更の工事中であっても製造所を使用できる。

問5 法令上、製造所の設置等について、次のうち誤っているものはどれか。

☐ 1．製造所を設置するときに、液体の危険物を貯蔵するタンクの完成検査前検査を行った後に、完成検査を実施した。
2．変更の許可の申請と同時に工事に着手した。
3．設置工事が終了し、完成検査済証が交付されたので、製造所を使用した。
4．市町村長等に変更の許可を申請する場合に、変更の内容に関する図面その他規則で定める書類を添付した。

問6 法令上、製造所等の設置又は変更について、次の（　）内に当てはまるものとして、正しいものはどれか。

「製造所等の設置又は変更の許可を受けた者は、製造所等を設置したとき又は製造所等の位置、構造若しくは設備を変更したときは、（　）が行う完成検査を受け、これらが製造所等の位置、構造及び設備の技術上の基準に適合していると認められた後でなければ、これを使用してはならない。」

☐ 1．市町村長等
2．消防団長
3．消防署長
4．消防庁長官

A 正解と解説

問1 正解4

製造所等を設置する場合、市町村長等に許可の申請を行い、市町村長等が許可をする。

問2 正解3

変更の工事を行った後、完成検査を市町村長等に申請する。市町村長等は完成検査を実施し、この検査に合格している場合は完成検査済証を交付する。変更の工事を行った製造所等は、この交付を受けた日から使用することができる。

問3 正解2

市町村長等が行う完成検査を受け、これが製造所等の位置、構造及び設備の技術上の基準に適合していると認められると「完成検査済証」が交付される。この交付を受けた日から、当該製造所等を使用することができる。

問4 正解1

1．［設置工事の終了］⇒［完成検査の申請］⇒［完成検査の実施］⇒［完成検査済証の交付］⇒［製造所の使用開始］が一般的な流れである。

2．完成検査前検査は、液体危険物タンクを設置･変更する場合に必要となる検査で、製造所全体の完成検査を受ける前の段階で、必ず申請し受けなければならない。

問5 正解2

2．変更の許可を申請すると、市町村長等から許可証が交付される。工事は、この許可証が交付されてから着手する。

問6 正解1

製造所等の完成検査は、市町村長等が行う。

製造所等の各種届出

◉危険物の品名・数量・指定数量の倍数を変更するときは、変更の 10 日前までに市町村長等に届け出る。
◉製造所等の譲渡・引渡し、及び製造所等の廃止があったときは、遅滞なく市町村長等に届け出る。

危険物の品名、数量指定数量の倍数を変更

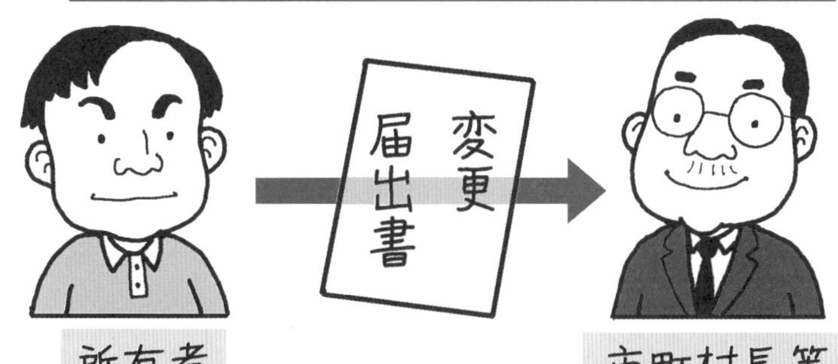

変更の10日前までに届け出る（事前）

製造所等の譲渡、引渡があったとき

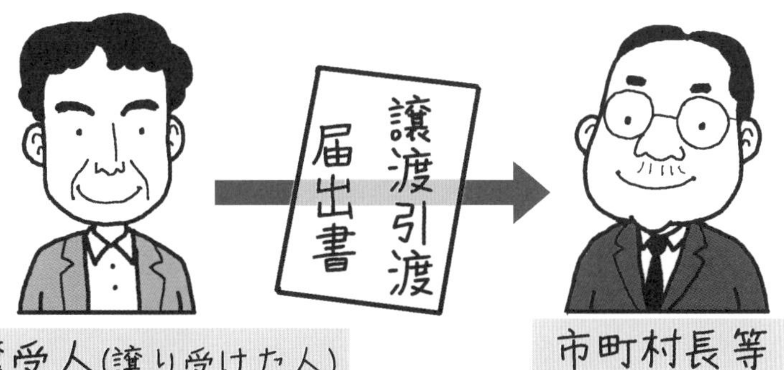

遅滞なく届け出る（事後）

1．届出が必要な変更事項

危険物の製造所等において、次の変更が生じた場合、市町村長等に届け出なければならない。

項　目	内　容	申請期限	申請先
危険物の品名・数量・指定数量の倍数の変更	位置・構造・設備を変更しないで、貯蔵・取扱う危険物の品名・数量・指定数量の倍数を変更する者は、変更しようとする日の**10日前**までに、その旨を**届け出る**。	**事前**（10日前）	市町村長等
製造所等の譲渡・引渡し	製造所等の譲渡・引渡しがあったときは、譲受人または引渡しを受けた者はその地位を承継し、**遅滞なく**その旨を**届け出る**。	**事後**（遅滞なく）	
製造所等の廃止	製造所等を所有・管理・占有する者は、当該製造所等の用途を廃止したときは、**遅滞なく**その旨を**届け出る**。		

※「譲渡」とは、権利や財産、法律上の地位などを他人に譲り渡すことをいう。

※「引き渡し」とは、土地・建物の事実上の支配を移して、引き渡しを受ける人が自分の利益のために支配することをいう。

Q 過去問題

問1 法令上、市町村長等に許可を受けなければならない場合として、次のうち正しいものはどれか。

☐ 1．製造所等の譲渡又は引渡を行うとき。
2．製造所等から危険物を搬出するとき。
3．製造所等の位置、構造又は設備を変更するとき。
4．製造所等を廃止するとき。

問2 法令上、市町村長等への届け出を10日前までに行わなければならないものは、次のうちどれか。

☐ 1．製造所等以外の場所で指定数量以上の危険物を貯蔵し、又は取り扱うとき。
2．製造所等の用途を廃止するとき。
3．製造所等の位置、構造又は設備を変更しないで、貯蔵し、又は取り扱う危険物の品名を変更するとき。
4．製造所等の譲渡又は引渡をするとき。

問3 法令上、製造所等の所有者等が遵守しなければならない事項として、次のうち誤っているものはどれか。

☐ 1．製造所等の譲渡または引渡しを受けたときは、遅滞なく、その旨を市町村長等に届け出ること。
2．製造所等の設置または変更の工事が完了したときは、使用する前に、市町村長等が行う完成検査を受けること。
3．製造所等を設置する場合は、工事が完了するまでに、市町村長等の設置許可を受けること。
4．製造所等の位置、構造又は設備を変更しようとするときは、市町村長等の変更許可を受けること。

問4 法令上、製造所等において、位置、構造又は設備を変更しないで、取り扱う危険物の品名、数量又は指定数量の倍数を変更しようとする場合の手続きとして、次のうち正しいものはどれか。

☐ 1．変更しようとする日までに市町村長等の許可を受ける。
2．変更しようとする日まで所轄消防長又は消防署長の承認を受ける。
3．変更しようとする日の10日前までに市町村長等に届け出る。
4．変更しようとする日の10日前まで所轄消防長又は消防署長に届け出る。

問5 法令上、屋内貯蔵所の位置、構造又は設備を変更せずに、貯蔵又は取り扱う危険物の品名、数量又は指定数量の倍数を変更しようとする者が市町村長等に届け出なければならない時期として正しいものはどれか。

☐ 1．変更しようとする日の前日まで
2．変更しようとする日の7日前まで
3．変更しようとする日の10日前まで
4．変更しようとする日の14日前まで

問6 法令上、次の文の（　）内に当てはまるものとして、正しいものはどれか。

「製造所等において、位置、構造又は設備を変更しないで、取り扱う危険物の品名又は数量を変更しようとする者は、変更しようとする日の（　）前までに、その旨を市町村長等に届け出なければならない。」

☐ 1．7日　　2．10日
3．15日　　4．30日

A 正解と解説

問1 正解3

1．製造所等の譲渡または引渡しがあったときは、遅滞なくその旨を市町村長等に届け出る。

2．危険物の搬入・搬出については、届出の必要はない。

3．製造所等の位置、構造または設備を変更するときは、市町村長等の許可を受けなければならない。「6．製造所等の設置・変更の手続き」26P参照。

4．製造所等を廃止したときは、遅滞なくその旨を市町村長等に届け出る。

問2 正解3

1．原則として、製造所等以外の場所において、指定数量以上の危険物を貯蔵し、取り扱ってはならない。

2．製造所等の用途を廃止したときは、遅滞なくその旨を市町村長等に届け出る。

3．製造所等の位置、構造または設備を変更しないで、貯蔵し、または取り扱う危険物の品名を変更するときは、変更しようとする日の10日前までに、その旨を市町村長等に届け出る。

4．製造所等の譲渡または引渡しをしたときは、遅滞なくその旨を市町村長等に届け出る。

問3 正解3

3．製造所等を設置する場合は、工事に着手する前に、市町村長等の設置許可を受けること。「6．製造所等の設置・変更の手続き」26P参照。

問4 正解3

3．製造所等において、位置、構造又は設備を変更しないで、取り扱う危険物の品名、数量又は指定数量の倍数を変更しようとする場合、変更しようとする日の10日前までに市町村長等に届け出る。

問5 正解3

問6 正解2

製造所等の仮使用

◉製造所等の仮使用とは、変更工事中に、工事以外の部分においてを仮に使用することをいう。仮使用するには、市町村長等の承認が必要となる。

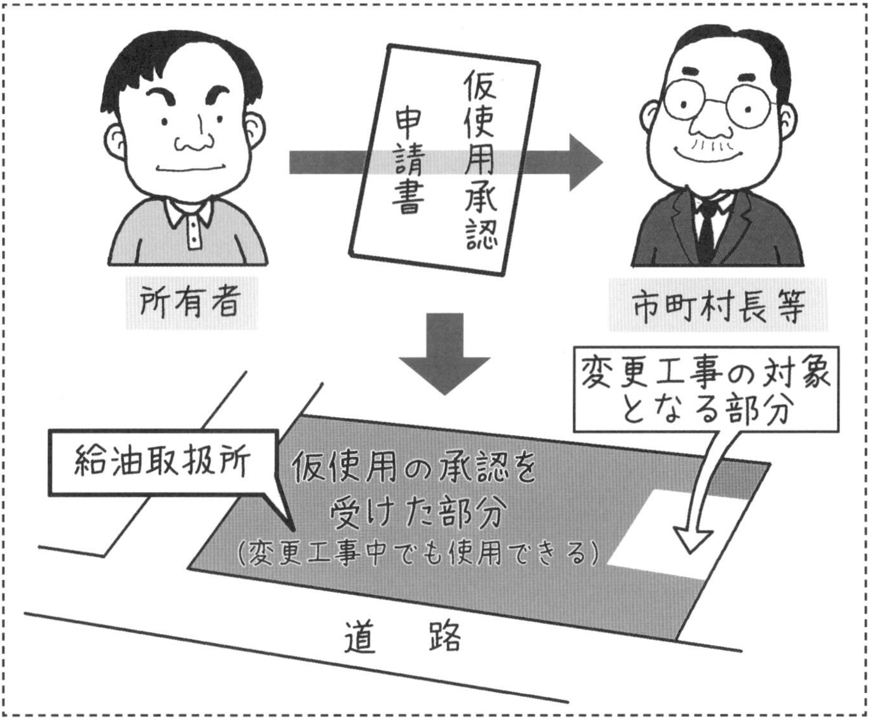

仮使用承認申請書

所有者

市町村長等

変更工事の対象となる部分

給油取扱所

仮使用の承認を受けた部分(変更工事中でも使用できる)

道　路

1．仮使用の承認

製造所等の位置、構造または設備を変更する場合において、当該**変更の工事に係る部分以外の部分**の全部または一部について、**市町村長等の承認**を受けたときは、完成検査を受ける前においても、**仮使用承認を受けた部分を使用**することができる。

この規定により、本来は市町村長等が行う完成検査を受け、変更部分が技術上の基準に適合していると認められた後でなければ、製造所等を使用することができなかったが、仮使用の承認を受けることによって、変更工事中であっても工事に関係のない部分で営業を続けることができる。

Q 過去問題

問1 法令上、製造所等を仮使用する場合、必要なものとして、次のうち正しいものはどれか。

☐ 1．消防長又は消防署長の許可
2．消防長又は消防署長に報告
3．市町村長等に届出
4．市町村長等の承認

問2 法令上、製造所等の仮使用について、次のうち正しいものはどれか。

☐ 1．製造所等の設置工事が終了した場合に、完成検査前に仮に使用することである。
2．製造所等の位置、構造又は設備の変更工事中に、工事が終了した部分から徐々に使用することである。
3．製造所等の位置、構造又は設備の変更工事中に、危険物を大量に貯蔵しなければならなくなったとき、臨時に貯蔵することである。
4．製造所等の位置、構造又は設備を変更するときに、工事する部分以外の部分の全部又は一部について、市町村長等の承認を受けて仮に使用することである。

問3 製造所等の変更工事を行うにあたり、完成検査前に変更工事に係る部分以外の部分の全部又は一部について使用する場合、次のうち正しいものはどれか。

☐ 1．変更工事が完了した部分から順に使用する。
2．変更しようとする日の10日前までに市町村長等へ届け出る。
3．市町村長等の承認を受ける。
4．所轄消防長又は消防署長の承認を受ける。

A 正解と解説

問1 正解4

4．製造所等の仮使用については、市町村長等の承認が必要となる。

問2 正解4

1～3．完成検査前使用となり、許可の取消しまたは使用停止命令の対象となる。

問3 正解3

危険物取扱者制度

◉丙種が取り扱える危険物

ガソリン　灯油　軽油　重油　第４石油類　動植物油類

◉丙種が取り扱えない危険物

クレオソート油　メタノール・エタノール

◉丙種は、危険物の取扱作業の立会いができない。

◉危険物取扱者は、違反等により、免状の返納を命じられることがある。

丙種危険物取扱者

1．危険物取扱者と免状の区分

危険物取扱者は、危険物の取扱作業に従事するときは、法令で定める**貯蔵または取扱いの技術上の基準**を遵守するとともに、当該危険物の**保安の確保**について細心の注意を払わなければならない。

また、危険物の取扱作業の**立会い**をする場合、法令で定める危険物の**貯蔵または取扱いの技術上の基準**を遵守するように**監督**するとともに、必要に応じて作業者に**指示を与え**なければならない。

製造所等における危険物の取扱作業は、以下の者に限定される。これは、取り扱う危険物の数量が**指定数量未満**であっても同様である。

①危険物取扱者
②危険物取扱者以外の者で、**甲種・乙種危険物取扱者の立会いのある者**
（➡ **丙種危険物取扱者**は、危険物の取扱作業に**立ち会うことができない**）

危険物取扱者とは、危険物取扱者試験に合格し、免状の交付を受けている者をいう。危険物取扱者の免状は、次の３種類に区分される。

〔危険物取扱者の免状の区分〕

区分	取扱いできる危険物	立会い
甲種	すべての危険物	すべての危険物の取扱作業に立ち会える
乙種	免状で指定された類（第１～６類）の危険物のみ	**免状で指定された類**（第１～６類）の危険物の取扱作業に立ち会える
丙種	第４類の中の指定された危険物のみ	**立会いはできない**

2．丙種危険物取扱者

丙種危険物取扱者が取扱いできる危険物は、以下のものに限定される。

- **ガソリン**
- **灯油、軽油**
- **第３石油類**（**重油、潤滑油及び引火点 130℃以上**のものに限る。）
- **第４石油類**（**ギヤー油・シリンダー油**などの潤滑油や可塑剤など）
- **動植物油類**

※潤滑油の多くは第４石油類（引火点 200 ～ 250℃）に該当するが、第３石油類（引火点 70 ～ 200℃）に該当するものもある。潤滑油の場合、引火点が 130℃未満であっても丙種危険物取扱者であれば取扱うことができる。

3．免状の返納

免状を交付した都道府県知事は、危険物取扱者が消防法または消防法に基づく命令の規定に違反しているときは、**免状の返納**を命ずることができる。

都道府県知事から免状の返納を命じられた者は、直ちに危険物取扱者の資格を失う。

Q 過去問題

問1 法令上、次に掲げる危険物のうち、丙種危険物取扱者が取り扱うことができる危険物はいくつあるか。

潤滑油	ガソリン	メタノール	シリンダー油
灯油	ベンゼン	アセトアルデヒド	動植物油類

☐ 1．4つ　2．5つ
3．6つ　4．7つ

問2 法令上、丙種危険物取扱者が取り扱うことのできる危険物は、次のうちいくつあるか。

ジエチルエーテル	黄りん	灯油	ガソリン	重油
メタノール	硝酸	軽油	過酸化水素	

☐ 1．4つ　2．5つ
3．6つ　4．7つ

問3 法令上、丙種危険物取扱者が取り扱うことのできないものは、次のうちどれか。

☐ 1．シリンダー油　2．潤滑油
3．クレオソート油　4．ギヤー油

問4 丙種危険物取扱者が取り扱えないものは、次のうちどれか。

☐ 1．ギヤー油　2．エタノール
3．シリンダー油　4．軽油

問5 法令上、丙種危険物取扱者が取り扱うことのできる危険物をすべて掲げている組合せは、次のうちどれか。

☐ 1．ガソリン　軽油　重油　シリンダー油
2．ガソリン　灯油　エタノール　クレオソート油
3．ギヤー油　重油　軽油　ジエチルエーテル
4．動植物油　アニリン　メタノール　グリセリン

問6 法令上、丙種危険物取扱者が取り扱うことができない危険物の組合せは、次のうちどれか。

☐ 1．メタノール、エタノール
2．ガソリン、灯油
3．軽油、第3石油類（重油、潤滑油及び引火点130℃以上のものに限る。）
4．ギヤー油、動植物油類

問7 法令上、丙種危険物取扱者について、次のうち正しいものはどれか。

☐ 1．危険物保安監督者になることができる。
2．丙種危険物取扱者が製造所等において取り扱うことができる危険物は、ガソリン、灯油、軽油、第3石油類（重油、潤滑油及び引火点が130℃以上のものに限る。）、第4石油類及び動植物油類に限られる。
3．製造所等において、危険物取扱者以外の者が危険物を取り扱う場合には、立会うことができる。
4．製造所等で定期点検を行うことができない。

問8 法令上、危険物取扱者について、次のうち誤っているものはどれか。

☐ 1．危険物取扱者は、製造所等において危険物の取扱作業に従事するときは、危険物の貯蔵又は取扱いの技術上の基準を遵守するとともに、当該危険物の保安の確保について細心の注意を払わなければならない。
2．丙種危険物取扱者が製造所等において取り扱うことができる危険物は、ガソリン、灯油、軽油、第3石油類（重油、潤滑油及び引火点が130℃以上のものに限る。）、第4石油類及び動植物油類に限られる。
3．危険物取扱者は、法又は法に基づく命令の規定に違反したときは罰せられるが、免状の返納を命じられることはない。
4．丙種危険物取扱者は、定期点検を行うことができる。（規則で定める漏れに関する点検を除く。）

問9 法令上、丙種危険物取扱者について、次のうち誤っているものはどれか。

☐ 1．ガソリンを積載する移動タンク貯蔵所に乗車して、移送することができる。
2．６か月以上の実務経験があっても、危険物保安監督者として選任することができない。
3．製造所等において、危険物取扱者以外の者が危険物を取り扱うときに、立ち会うことができる。
4．製造所等において、危険物の取扱作業に従事していれば、危険物の取扱作業の保安に関する講習を受講しなければならない。

問10 法令上、丙種危険物取扱者について、次のうち正しいものはどれか。

☐ 1．危険物取扱者以外の者が危険物の取扱作業に従事する場合に立ち会うことができる。
2．危険物の取扱作業に従事するときは、貯蔵又は取扱いの技術上の基準を遵守するとともに、当該危険物の保安の確保について細心の注意を払わなければならない。
3．製造所等において、６か月以上の実務経験を有すれば、危険物保安監督者になることができる。
4．製造所等においては、指定数量未満であれば、すべての種類の危険物を取り扱うことができる。

A 正解と解説

問1 **正解２**

可：潤滑油、ガソリン、シリンダー油、灯油、動植物油
不可：メタノール、ベンゼン、アセトアルデヒド

問2 **正解１**

可：灯油、ガソリン、重油、軽油
不可：ジエチルエーテル、黄りん（３類）、メタノール、硝酸と過酸化水素（共に６類）

問3 **正解３**

3．クレオソート油は、重油と同じ第３石油類である。第３石油類については、重油の他、引火点130℃のものを取り扱うことができる。クレオソート油は、引火点が75℃であるため、取り扱うことができない。

問4 正解2

2．エタノールは、第４類危険物（引火性液体）のアルコール類に該当する。丙種危険物取扱者は取り扱うことができない。

問5 正解1

2．エタノール（アルコール類）とクレオソート油（引火点が75℃）が不可。

3．ジエチルエーテル（特殊引火物）が不可。

4．アニリン（引火点が70℃）とメタノール（アルコール類）が不可。

問6 正解1

1．メタノールとエタノールは共に第４類危険物（引火性液体）のアルコール類に該当する。丙種危険物取扱者は取り扱うことができない。

問7 正解2

1．丙種危険物取扱者は、危険物保安監督者になることはできない。「12．危険物保安監督者」52Ｐ参照。

3．丙種危険物取扱者は、危険物取扱者以外の者が危険物を取り扱うときに、立ち会うことができない。

4．丙種危険物取扱者は、定期点検を行うことができる。「14．定期点検」56Ｐ参照。

問8 正解3

3．危険物取扱者（甲種・乙種・丙種）は、法または法に基づく命令の規定に違反したときは、免状の返納を命じられることがある。

4．「14．定期点検」56Ｐ参照。

問9 正解3

1．「22．移送の基準」90Ｐ参照。

2．「12．危険物保安監督者」52Ｐ参照。

3．丙種危険物取扱者は、危険物取扱者以外の者が危険物を取り扱うときに、立ち会うことができない。

4．「11．保安講習」47Ｐ参照。

問10 正解2

3．「12．危険物保安監督者」52Ｐ参照。

4．製造所等においての危険物の取扱いは、指定数量に関係なく、その危険物を取り扱うことのできる危険物取扱者が行うか、甲種または乙種危険物取扱者の立会いを受けた者が行わなければならない。

10 危険物取扱者の免状

これだけ覚える!!

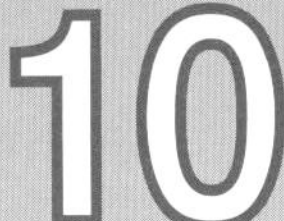

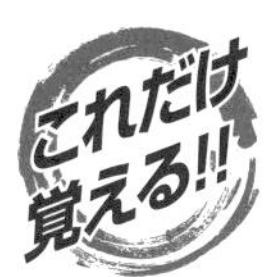

- ◉免状は、都道府県知事が交付する。
- ◉免状の書換えとは、免状の記載内容に変更があったときに免状を書き換えてもらうこと。申請は居住地や勤務地の都道府県知事でも OK。
- ◉免状には住所が記載されない。住所変更は、書換えの対象外。
- ◉免状の再交付とは、同じ内容の免状を再び交付してもらうこと。免状の交付または免状の書換えをした都道府県知事に限定される。
- ◉なくした免状が出てきたときは、再交付した都道府県知事に 10 日以内に提出する。

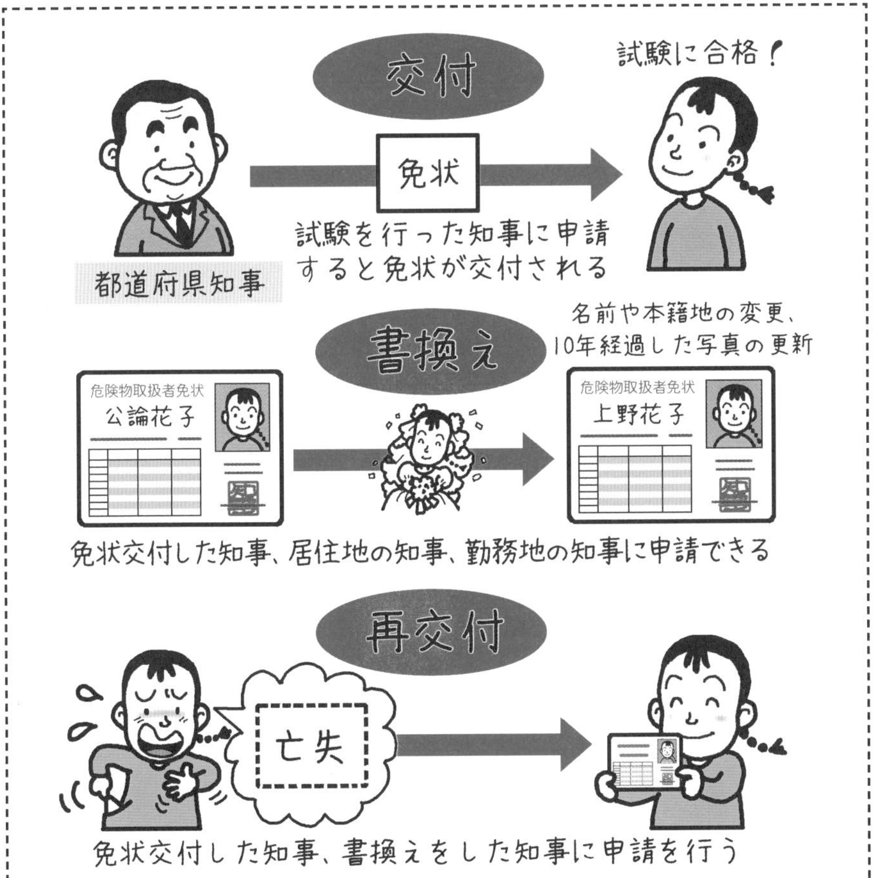
交付
試験に合格！
免状
試験を行った知事に申請すると免状が交付される
都道府県知事
書換え
名前や本籍地の変更、10年経過した写真の更新
危険物取扱者免状
公論花子
危険物取扱者免状
上野花子
免状交付した知事、居住地の知事、勤務地の知事に申請できる
再交付
亡失
免状交付した知事、書換えをした知事に申請を行う

1．免状の交付・書換え・再交付

危険物取扱者の免状の交付・書換え・再交付の手続きは、いずれも**都道府県知事**に申請し、都道府県知事が交付・書換え・再交付を行う。

手続	申請事由	申請先	添付するもの
交付	試験に合格	試験を行った都道府県知事	合格を証明する書類等
書換え	**氏名・本籍地**の変更、**免状の写真**が撮影から**10年経過**	**免状を交付**した都道府県知事、または**居住地もしくは勤務地**の都道府県知事	戸籍謄本等・6ヶ月以内に撮影した写真
再交付	亡失・滅失 汚損・破損	**免状の交付・書換え**を受けた都道府県知事	汚損・破損の場合は**その免状を添える**
	亡失した免状を発見	**再交付**を受けた都道府県知事	**発見した免状**を**10日以内**に提出

※「滅失」とは、滅びうせること、なくなること。　※「亡失」とは、なくすこと。

2．免状の記載事項

免状には、次に掲げる事項を記載するものとする。

①免状の**交付年月日及び交付番号**
②**氏名及び生年月日**
③**本籍地**の属する都道府県（➡ **住所の記載はない**）
④**免状の種類**（**甲種・乙種・丙種**）並びに取り扱うことができる危険物及び甲種危険物取扱者または乙種危険物取扱者が、その取扱作業に関して立ち会うことができる危険物の種類
⑤**過去10年以内に撮影した写真**

危険物取扱者免状

氏　名 公論　花子
生年月日 平成02年04月01日　本籍 東京都

種類等	交付年月日	交付番号	交付知事
甲　種			
乙種1類			
乙種2類			
乙種3類			
乙種4類			
乙種5類			
乙種6類			
丙　種	H20.08.20	00000	東　京

写真の書換えは
平成30年
8月20日まで
1111　1111
東京都知事

※免状に「本籍地」の記載はあるが、「居住地・住所」の記載はない。
従って、引越し等で住所が変わっても、**本籍に変更がない場合、免状の書換えは必要ない。**

Q 過去問題

問1 法令上、危険物取扱者免状の書換え又は再交付について、次のうち誤っているものはどれか。

☐ 1．勤務先が変わったので、免状の書換えを申請した。
2．免状を破損したので、免状の再交付を申請した。
3．結婚して姓が変わったので、免状の書換えを申請した。
4．免状を亡失したので、免状の再交付を申請した。

問2 法令上、免状の記載事項として定められていないものは、次のうちどれか。

☐ 1．居住地の属する都道府県
2．過去10年以内に撮影した写真
3．免状の種類
4．氏名及び生年月日

問3 法令上、免状に関する記述として、次のうち正しいものはどれか。

☐ 1．危険物取扱者が法令に違反した場合、免状を交付した都道府県知事から当該免状の返納を命ぜられることがある。
2．免状の再交付の申請先は、居住地を管轄する都道府県知事に限られる。
3．居住地に変更があったときは、免状の書換えを申請しなければならない。
4．免状の書換えの申請先は、当該免状を交付した都道府県知事に限られる。

問4 法令上、免状について、次のうち正しいものはどれか。

☐ 1．免状は、危険物取扱者試験に合格した者に市町村長が交付する。
2．警察官は、免状の交付を受けている者が法の規定に違反しているときは、その免状の返納を命じることができる。
3．免状を破損又は汚損したときは、居住地又は勤務地を管轄する消防長又は消防署長に、その書換えを申請しなければならない。
4．免状を亡失してその再交付を受けた者が、亡失した免状を発見したときは、これを10日以内に再交付を受けた都道府県知事に提出しなければならない。

問5 法令上、次の文の（ ）内に当てはまるものはどれか。

「免状を亡失してその再交付を受けた者は、亡失した免状を発見した場合は、これを（ ）に免状の再交付を受けた都道府県知事に提出しなければならない。」

☐ 1．速やか

2．5日以内

3．10日以内

4．30日以内

A 正解と解説

問1 **正解1**

1．免状には勤務先が記載されない。従って、勤務先が変わっても免状の書換えは必要ない。

3．結婚して姓が変わると、「氏名」の変更に該当するため、免状の書換えが必要となる。

問2 **正解1**

1．本籍地の属する都道府県は、免状の記載事項に定められているが、居住地の属する都道府県は、免状の記載事項に定められていない。

2．免状の写真が10年を超えた場合、写真を更新するため新たに撮影した写真で免状の書換えを行わなければならない。

問3 **正解1**

2＆4．免状の再交付の申請先は、記録してある免状のデータをもとに作成することから、免状の交付・書換えを行った都道府県知事に限られる。また、免状の書換えについては、古い免状をもとに作成することから、居住地や勤務地の都道府県知事でも対応可能となる。

3．引っ越しなどで居住地が変更した場合、免状の書換えは必要ない。

問4 **正解4**

1．免状は、危険物取扱者試験に合格した者に都道府県知事が交付する。

2．「警察官」⇒「都道府県知事」。

3．免状の書換えではなく、再交付になる。また、再交付の申請は、交付・書換えをした都道府県知事に限定される。

問5 **正解3**

なくした免状が出てきたときは、10日以内に免状を再交付した都道府県知事に提出する。なくした免状を提出するのは、免状の不正使用を防止する目的がある。

保安講習

◉保安講習は、都道府県知事が実施する。また、全国どこの都道府県でも受講することができる。

◉保安講習は、製造所等で危険物の取扱作業に従事する危険物取扱者が対象となる。この3つの条件がすべて当てはまったときに、受講義務が生じる。

◉保安講習は、原則として3年以内ごとに受講する。

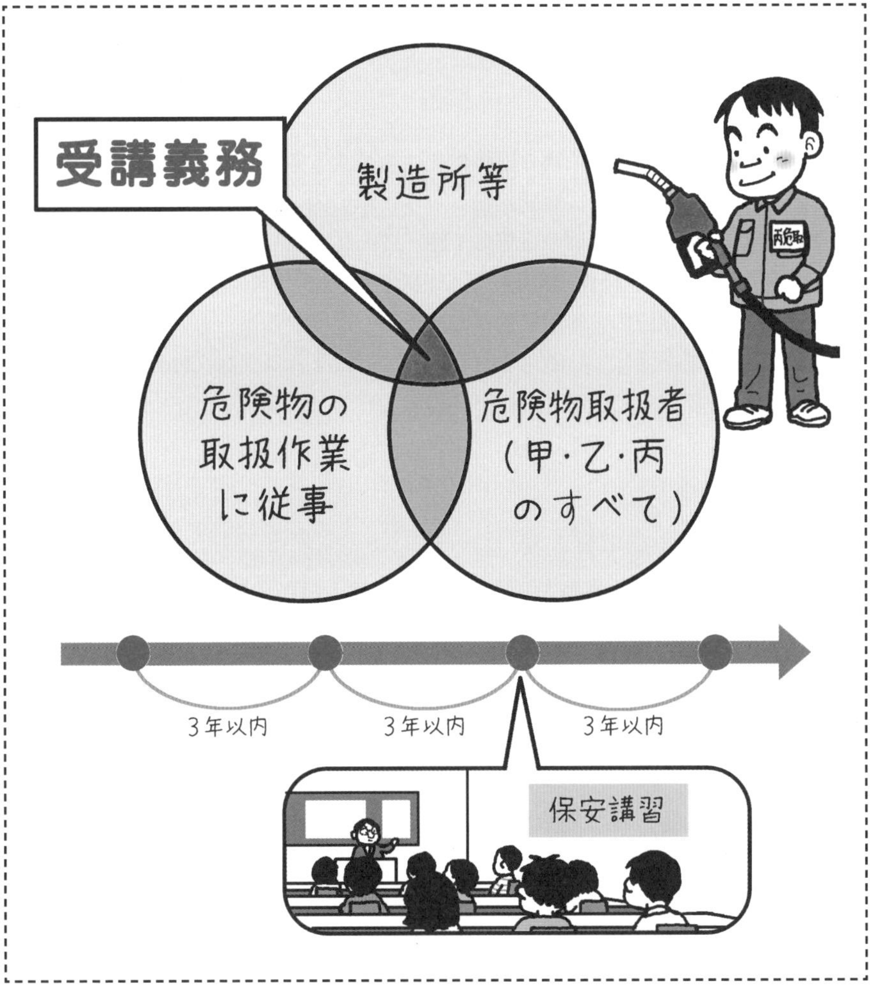

1．保安講習の受講義務

製造所等で危険物の取扱作業に従事する**危険物取扱者（甲種・乙種・丙種）**は、**都道府県知事**が行う危険物の取扱作業の「保安に関する講習（**保安講習**）」を**定期的に受講**しなければならない。ただし、以下の者は、受講の義務がない。

①免状の交付は受けていても、**製造所等で危険物の取扱作業に従事していない危険物取扱者** ②指定数量未満の危険物を貯蔵・取り扱う施設の危険物取扱者 ③製造所等で立会いを受けて危険物の取扱作業に従事する**無資格者**

また、期間内に保安講習を受講しない**危険物取扱者**は、**都道府県知事**より**免状の返納**を命じられることがある。

保安講習は、**全国**どこの都道府県であっても受講することができる。

2．保安講習の受講期限

現に製造所等において危険物の取扱作業に従事する危険物取扱者は、取扱作業に従事することになった日（**従事開始日**）から**1年以内**に都道府県知事が行う保安講習を受講し、以降、一定期間（**3年に1回**）ごとに受講しなければならない。

ただし、「継続して取扱作業に従事している者」や「新規に取扱作業に従事している者で、**従事開始日の2年前に免状の交付**を受けている者、または**従事開始日の2年前に保安講習**を受けている者」は、受講日以降または免状交付日以降の**最初の4月1日から3年以内**に受講し、以降、同じように一定期間ごとに受講しなければならない。

〔受講期限のまとめ〕

①**継続**して危険物の取扱作業に従事している者
・次回の受講期限：**受講日**以降の**最初の4月1日から3年以内**に受講

②**新規**に危険物の取扱作業に従事している者
Ⓐ〔**従事開始日の2年前**に「**免状の交付**」または「**保安講習**」を受けている者〕 ・最初の受講期限：**免状交付日**以降の**最初の4月1日から3年以内**に受講 ：**受講日**以降の**最初の4月1日から3年以内**に受講 ・以降の受講期限：受講日以降の最初の4月1日から3年以内に受講
Ⓑ〔Ⓐに該当しない者〕 ・最初の受講期限：**従事開始日から1年以内**に受講 ・以降の受講期限：受講日以降の最初の4月1日から3年以内に受講

Q 過去問題

問1 法令上、危険物の取扱作業の保安に関する講習（以下「講習」という。）について、次のうち誤っているものはどれか。

☐ 1．製造所等において、危険物の取扱作業に従事しない危険物取扱者は、講習を受ける義務はない。
2．講習の実施者は、都道府県知事（総務大臣が指定する市町村長その他の機関を含む。）である。
3．講習を受けなければならない危険物取扱者は、講習を受けた日から５年以内ごとに次回の講習を受けなければならない。
4．講習を受けなければならない危険物取扱者が受講を怠った場合、免状を交付した都道府県知事から免状の返納を命ぜられることがある。

問2 法令上、危険物の取扱作業の保安に関する講習について、次のうち正しいものはどれか。

☐ 1．危険物保安統括管理者に限って、受講する義務が課せられている。
2．製造所等で危険物の取扱作業に継続して従事している危険物取扱者は、受講しなければならない。
3．危険物取扱者以外の者でも、危険物の取扱作業に従事している者は、受講しなければならない。
4．移動タンク貯蔵所に乗車する危険物取扱者に限って、受講する義務が課せられている。

問3 法令上、危険物の取扱作業の保安に関する講習について、次のうち正しいものはどれか。

☐ 1．危険物取扱者試験に合格した者が、受けなければならない。
2．製造所等において、危険物の取扱作業に従事する危険物取扱者が一定期間ごとに受けなければならない。
3．甲種危険物取扱者又は乙種危険物取扱者のみが、受けなければならない。
4．製造所等において、危険物保安監督者又は危険物施設保安員に選任されている者のみが受けなければならない。

問4 法令上、危険物の取扱作業の保安に関する講習（以下「講習」という。）について、次のうち誤っているものはどれか。

☐ 1．講習を受けようとする者は、全国どこでも講習を受けることができる。
2．製造所で危険物取扱作業に従事している危険物取扱者は、講習を受けなければならない。
3．講習を受けなければならない危険物取扱者が受講を怠った場合、免状を交付した都道府県知事から免状の返納を命ぜられることがある。
4．講習を受けなければならない危険物取扱者は、講習を受けた日から５年以内ごとに次回の講習を受けなければならない。

問5 法令上、次の文の（　）内のＡ～Ｃに当てはまる語句の組合せとして、正しいものはどれか。

「製造所等において危険物の取扱作業に従事する危険物取扱者は、当該取扱作業に従事することとなった日から（Ａ）以内に講習を受けなければならない。ただし、当該取扱作業に従事することとなった日前２年以内に危険物取扱者免状の交付を受けている場合又は講習を受けている場合は、それぞれ当該免状の交付を受けた日又は当該講習を受けた日以後における最初の（Ｂ）から（Ｃ）以内に講習を受けることをもって足りるものとする。」

	Ａ	Ｂ	Ｃ
☐ 1．	２年	１月１日	３年
2．	２年	４月１日	５年
3．	１年	１月１日	５年
4．	１年	４月１日	３年

問6 法令上、一定期間内に危険物の取扱作業の保安に関する講習を受けなければならない者として、次のＡ～Ｃのうち、正しいもののみをすべて掲げているものはどれか。

Ａ．丙種の免状の交付を受け、給油取扱所で給油作業に従事している者
Ｂ．乙種第４類の免状の交付を受け、移動タンク貯蔵所で危険物を移送している者
Ｃ．甲種の免状の交付を受けているが、現在は危険物の取扱作業に従事していない者

☐ 1．Ａ　2．Ａ、Ｂ　3．Ｂ、Ｃ　4．Ｃ

A 正解と解説

問1 正解3

3．講習を受けなければならない危険物取扱者は、原則として講習を受けた日から３年以内ごとに次回の講習を受けなければならない。

問2 正解2

1．危険物保安統括管理者は、移送取扱所及び大規模な製造所などで選任することが求めらる。事業所全体の保安に関する業務のすべてを統括管理する責務があるため、実際に選任されるのは、事業所の事業に関して統括管理する者（工場長などの管理職）である。危険物保安統括管理者の選任要件に危険物取扱者の資格は必要としない。従って、保安講習を受講する義務は課せられていない。

3．保安講習の受講は「危険物取扱者」で「製造所等において危険物の取扱作業に従事している者」を対象としている。

4．保安講習は、移動タンク貯蔵所を含む製造所等で、危険物の取扱作業に従事するすべての危険物取扱者が対象となる。

問3 正解2

1．危険物取扱者試験に合格した者であっても、製造所等で危険物の取扱作業に従事していなければ、受講する必要がない。

3．受講は、甲種・乙種・丙種のすべての危険物取扱者が対象となる。

4．製造所等において、危険物の取扱作業に従事するすべての危険物取扱者が対象となる。危険物保安監督者の選任要件は「６ヶ月以上の実務経験」＋「甲種または乙種危険物取扱者」であるため、危険物保安監督者はすべて受講対象となる。「12. 危険物保安監督者」52Ｐ参照。

危険物施設保安員は、移送取扱所及び大規模な製造所などで選任することが求められ、危険物保安監督者の下で構造・設備に係わる保安業務やその補佐を行う。危険物施設保安員の選任要件は特になく、危険物取扱者の資格のない者、実務経験のない者でも選任することができるため、必ずしも受講対象とはならない。

問4 正解4

問5 正解4

設問は、法令の原文である。免状の交付を受けた場合について、わかりやすく要約すると次のとおり。「新任の危険物取扱者は、まず新任となった日から１年以内に保安講習を受けること。ただし、２年以内に免状の交付を受けている場合は、交付日以後における最初の４月１日から３年以内に保安講習を受ければよい。」

問6 正解2

12 危険物保安監督者

◉丙種危険物取扱者は、危険物保安監督者になることができない。また、すべての危険物について、保安の監督をすることもできない。

甲種危険物取扱者

または

乙種危険物取扱者

＋

6カ月以上の実務経験

↓

危険物保安監督者

保安監

1．保安監督者の選任と資格

給油取扱所などでは、**危険物保安監督者**を定め、その者が取り扱うことができる危険物の取扱作業に関し、**保安の監督**をさせなくてはならない。

危険物保安監督者になるためには、**甲種**または**乙種危険物取扱者**で、給油取扱所などにおいて**6か月以上の実務経験**を有する者でなければならない。ただし、乙種危険物取扱者においては、保安を監督できるのは免状で指定された類の危険物のみとする。（➡ **丙種は危険物保安監督者になれない**）

Q 過去問題

問1 法令上、危険物取扱者について、次のうち正しいものはどれか。

☐ 1．丙種危険物取扱者は、危険物保安監督者になることはできない。
2．製造所等において6か月以上の実務経験がある丙種危険物取扱者は、危険物保安監督者になることができる。
3．丙種危険物取扱者は、取扱いが認められている危険物であれば、その取扱作業について保安の監督をすることができる。
4．丙種危険物取扱者は、第4類の危険物であれば、その取扱作業について保安の監督をすることができる。

A 正解と解説

問1 正解1

丙種危険物取扱者は、危険物保安監督者になることはできない。また、保安の監督をすることもできない。

13 予防規程

これだけ覚える!!

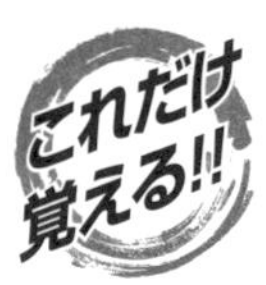

◉製造所の場合、指定数量の倍数が 10 以上は予防規程が必要となる。

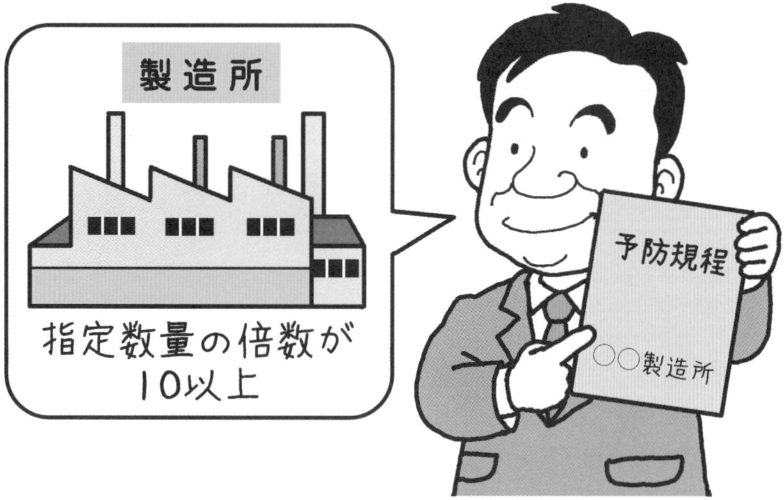

すべての**給油取扱所**は、指定数量に関係なく予防規程を定め、認可を受けなければならない

1．予防規程とは

法令で定める製造所等の**所有者等**は、当該製造所等の火災を防止するため、予防規程を定めなければならない。

予防規程は、製造所等のそれぞれの実情に沿った**火災予防のための自主保安**に関する規程である。

製造所等の所有者等は、予防規程を定めたときは**市町村長等の認可**を受けなければならない。これを変更するときも同様とする。また、製造所等の**所有者等及びその従業員**は、この予防規程を守らなければならない。

2．予防規程を定めなければならない製造所等

対象となる製造所等	貯蔵・取り扱う危険物の数量
製造所	指定数量の倍数が 10 以上のもの
屋内貯蔵所	指定数量の倍数が 150 以上のもの
屋外タンク貯蔵所	指定数量の倍数が 200 以上のもの
屋外貯蔵所	指定数量の倍数が 100 以上のもの
給油取扱所	すべて
移送取扱所	すべて
一般取扱所	指定数量の倍数が 10 以上のもの

Q 過去問題

問1 法令上、予防規程を定めなければならない製造所等は、次のうちどれか。ただし、鉱山保安法による保安規程又は火薬類取締法による危害予防規程を定めている製造所等を除く。

1．指定数量の倍数が 10 の製造所
2．第二種販売取扱所
3．移動タンク貯蔵所
4．一般取扱所

A 正解と解説

問1 正解 1

14 定期点検

◉定期点検は1年に1回以上実施し、その記録は原則として3年間保存する。

◉定期点検は、以下のいずれかが実施する。

- 危険物取扱者
- 危険物施設保安員
- 危険物取扱者の立会いを受けた者

◉定期点検は、地下タンク・移動タンクを有するところはすべて実施する。

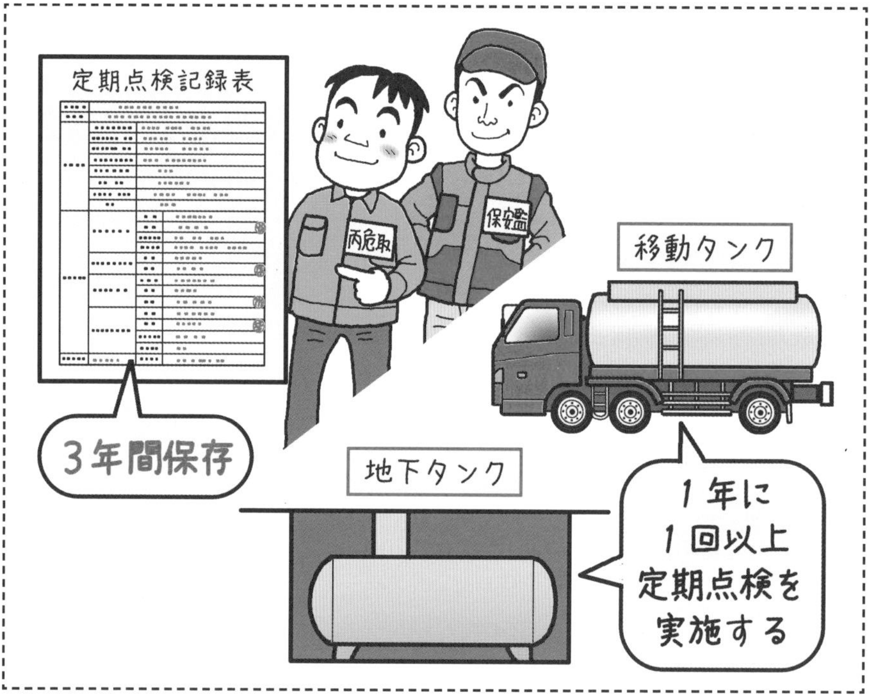

定期点検記録表

丙危取

保安監

移動タンク

3年間保存

地下タンク

1年に
1回以上
定期点検を
実施する

1．定期点検とは

法令で定める製造所等の所有者等は、これらの製造所等について定期に点検し、その点検記録を作成し、これを保存しなくてはならない。

定期点検は、製造所等の**位置、構造及び設備**が**技術上の基準に適合**しているかどうかについて行う。

2．定期点検の実施者

定期点検は、**危険物取扱者**（甲種・乙種・丙種）または**危険物施設保安員**が行わなければならない。ただし、**危険物取扱者**（甲種・乙種・丙種）の**立会いを受けた場合**は、危険物取扱者以外の者でも点検を行うことができる。

危険物施設保安員は、危険物保安監督者の下で構造・設備に係わる保安業務やその補佐を行う者で、移送取扱所などでは必ず選任しなければならない。また、危険物施設保安員になるために必要とされる資格や実務経験は特にない（無資格・無経験でも選任されたらなれる）。

作業の項目	甲種	乙種	丙種	施設保安員（免状なし）
危険物の取扱作業	○	○※1	○※2	×（立会いを受けると○）
危険物の取扱作業の立会い	○	○※1	×	×
定期点検	○	○	○	○
定期点検の立会い	○	○	○	×

※1：乙種の危険物の取扱作業と立会いは、免状のある類に限られる。

※2：丙種の危険物の取扱作業は、第４類の定められた危険物に限られる。

※「定期点検の立会い」と「危険物の取扱作業の立会い」を混同しない。

3．定期点検の対象施設

対象施設	貯蔵・取り扱う危険物の数量
製造所	指定数量の倍数が 10 以上、または地下タンクを有するもの
屋内貯蔵所	指定数量の倍数が 150 以上のもの
屋外タンク貯蔵所	指定数量の倍数が 200 以上のもの
屋外貯蔵所	指定数量の倍数が 100 以上のもの
地下タンク貯蔵所	すべて
移動タンク貯蔵所	すべて
給油取扱所	地下タンクを有するもの
移送取扱所	すべて
一般取扱所	指定数量の倍数が 10 以上、または地下タンクを有するもの

※地下タンクは目視しにくいため、すべてのタンクが定期点検の対象となっている。また、移動タンクは走行中に絶えず振動と負荷が加わっているため、やはり定期点検の対象となっている（編集部）。

4．定期点検の時期と記録の保存

定期点検は、1年に1回以上行わなければならない。

定期点検の記録は、3年間保存しなければならない。

Q 過去問題

問1 法令上、移動タンク貯蔵所の定期点検について、次のうち誤っているものはどれか。

☐ 1．定期点検は、1年に1回以上実施しなければならない。
2．定期点検は、位置、構造及び設備が、技術上の基準に適合しているかどうかについて行う。
3．丙種危険物取扱者は、定期点検の実施者になることができない。
4．定期点検の記録は、3年間保存しなければならない。

問2 法令上、製造所等における定期点検について、次のうち正しいものはどれか。ただし、規則で定める漏れの点検及び固定式の泡消火設備に関する点検を除く。

☐ 1．3年に1回行わなければならない。
2．点検記録の保存期間は、1年間である。
3．危険物施設保安員を定めている製造所等については、定期点検が免除されている。
4．移動タンク貯蔵所は、貯蔵し、又は取り扱う危険物の指定数量の倍数に関係なく定期点検を行わなければならない。

問3 法令上、特定の製造所等に義務づけられている定期点検について、次のうち誤っているものはどれか。ただし、規則で定める漏れの点検及び固定式の泡消火設備に関する点検を除く。

☐ 1．定期点検を行わなければならない製造所等の中には、危険物を取り扱うタンクで地下にあるものを有する給油取扱所及び移動タンク貯蔵所が含まれている。
2．定期点検は、原則として1年に1回以上行わなければならない。
3．定期点検は、原則として危険物取扱者又は危険物施設保安員が行わなければならない。
4．定期点検の記録は不良箇所が改修されるまでの間、保存すればよい。

問4 法令上、製造所等の定期点検について、次のうち誤っているものはどれか。ただし、規則で定める漏れの点検及び固定式の泡消火設備に関する点検を除く。

☐ 1．危険物保安監督者以外の者は、定期点検を実施することができない。
2．移動タンク貯蔵所は、定期点検を実施しなければならない製造所等の１つである。
3．定期点検は、１年に１回以上実施し、その記録を原則として３年間保存しなければならない。
4．定期点検を実施していない製造所等は、使用停止命令の対象となる。

A 正解と解説

問1 正解3

3．丙種危険物取扱者は、定期点検の実施者になることができる。

問2 正解4

1．１年に１回以上行わなければならない。
2．点検記録の保存期間は、３年間である。
3．危険物施設保安員の選任で、定期点検が免除されることはない。対象となる施設においては、定期点検を１年に１回行わなければならない。
4．移動タンク及び地下タンクを有する製造所等は、危険物の指定数量の倍数に関係なく定期点検を行わなければならない。

問3 正解4

3．定期点検はこれらの者の他、危険物取扱者（甲種・乙種・丙種）の立会いを受けた者も行うことができる。
4．定期点検の記録は、原則として３年間保存しなければならない。

問4 正解1

1．定期点検が実施できるのは、危険物取扱者、危険物施設保安員、それに危険物取扱者（甲種・乙種・丙種）の立会いを受けた者である。
4．使用停止命令は、市町村長等から製造所の所有者等に対し、定期点検が未実施の場合などになされる。

15 保安距離・保有空地

◉ 屋外貯蔵所 と 屋外タンク貯蔵所 は、保安距離＆保有空地が必要。

◉保安距離が必要な主な建築物等

- 重要文化財の建造物 …50m
- 学校・病院等 …30m
- 高圧ガス施設等 …20m

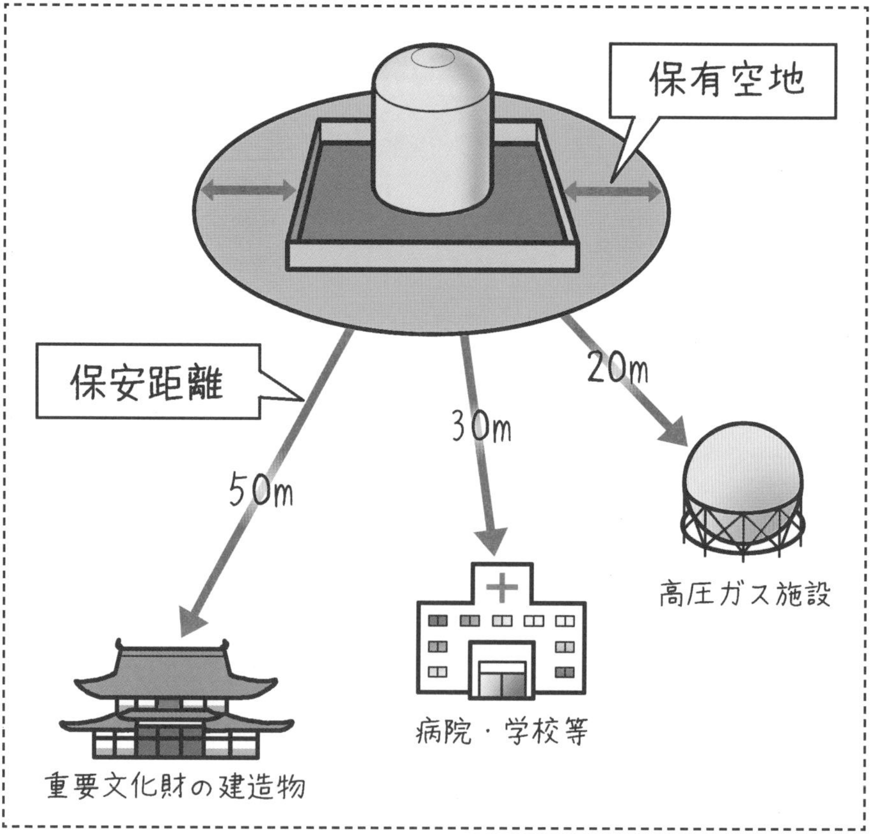

保有空地
保安距離
50m
30m
20m
重要文化財の建造物
病院・学校等
高圧ガス施設

1．保安距離とは

製造所等は、次に掲げる建築物等から製造所等の外壁またはこれに相当する工作物の外側までの間に、それぞれについて定める距離（**保安距離**）を保つこと。

保安距離は、製造所等に火災や爆発等の災害が発生したとき、周囲の建築物等に影響を及ぼさないようにするとともに、延焼防止、避難等のために確保する距離である。

建築物等	保安距離
特別高圧架空電線（7,000V 超～ 35,000V 以下）	3ｍ以上（水平距離）
特別高圧架空電線（35,000V を超えるもの）	5ｍ以上（水平距離）
製造所等の敷地外にある住居	10m 以上
高圧ガス・液化石油ガスの施設	**20m 以上**
学校（※）・**病院**・劇場等、多人数を収容する施設	**30m 以上**
重要文化財（重要有形民俗文化財等）の**建造物**	**50m 以上**

※学校で対象となるものは、幼稚園（保育園）から高校まで。

2．保安距離が必要な製造所等

①製造所	②屋内貯蔵所	③**屋外貯蔵所**
④**屋外タンク貯蔵所**	⑤一般取扱所	

3．保有空地とは

危険物を取り扱う製造所等の周囲には、次の表に掲げる区分に応じ、それぞれに定める幅の空地（**保有空地**）を保有すること。

保有空地を必要とする製造所等は、次のとおりとする。ただし、保有空地の幅は、危険物施設の種類、貯蔵し、または取り扱う危険物の**指定数量の倍数**により細かく規定されている。

施設	条件	保有空地の幅
▪製造所 ▪一般取扱所	指定数量の倍数　10 以下	保有空地の幅　3ｍ以上
	指定数量の倍数　10 を超える	保有空地の幅　5ｍ以上
▪屋内貯蔵所 ▪**屋外貯蔵所** ▪**屋外タンク貯蔵所**	指定数量の倍数等で保有空値の幅は異なる。	
▪屋外に設ける簡易タンク貯蔵所	指定数量の倍数に関係なく、タンク周囲に1ｍ以上。	

Q 過去問題

問1 法令上、学校、病院などの多数の人を収容する施設の建築物等から、30m 以上の距離を保たなければならない製造所等は、次のうちどれか。ただし、特例基準を適用する製造所等は除く。

☐ 1．屋外貯蔵所
2．移動タンク貯蔵所
3．給油取扱所
4．第一種販売取扱所

問2 法令上、製造所等の外壁又はこれに相当する工作物の外側から、学校、病院等の建築物等までの間に保たなければならない距離（保安距離）が定められている製造所等がある。法令で定められている特定の建築物等と保安距離の組合せとして、次のうち誤っているものはどれか。ただし、製造所等と当該建築物等との間に防火上有効な塀はなく、基準の特例が適用される製造所等ではないものとする。

☐ 1．病院…………………………………10m 以上
2．高圧ガスの施設…………………20m 以上
3．小学校、中学校、高等学校……30m 以上
4．重要文化財………………………50m 以上

問3 法令上、製造所等の外壁又はこれに相当する工作物の外側から、学校、病院等の建築物等までの間に、それぞれ定められた距離（保安距離）を保たなければならない製造所等に該当するものは、次のうちどれか。ただし、当該建築物等との間に防火上有効な塀はないものとし、基準の特例が適用されるものを除く。

☐ 1．屋外タンク貯蔵所
2．屋内タンク貯蔵所
3．地下タンク貯蔵所
4．移動タンク貯蔵所

問4 法令上、次に掲げる製造所等のうち、当該製造所等の周囲に一定の幅の空地を保有しなければならないものはどれか。

☐ 1．屋外貯蔵所
2．移動タンク貯蔵所
3．給油取扱所
4．屋内タンク貯蔵所

問5 法令上、製造所等の周囲に一定の空地を保有しなければならないものは、次のうちどれか。

☐ 1．地下タンク貯蔵所
2．第一種販売取扱所
3．屋外貯蔵所
4．移動タンク貯蔵所

A 正解と解説

問1 正解1

問2 正解1

1．病院に必要な保安距離は、学校と同じ30m以上である。

問3 正解1

問4 正解1

問5 正解3

16 給油取扱所の基準

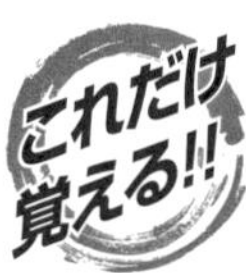

これだけ覚える!!

◉周囲に2m以上の塀または壁を設ける。
◉窓や出入口のガラスは網入りとする。
◉給油空地は10m×6m以上とし、危険物が浸透しない舗装をする。
◉自動車の一部が給油空地からはみ出た状態で給油しないこと。

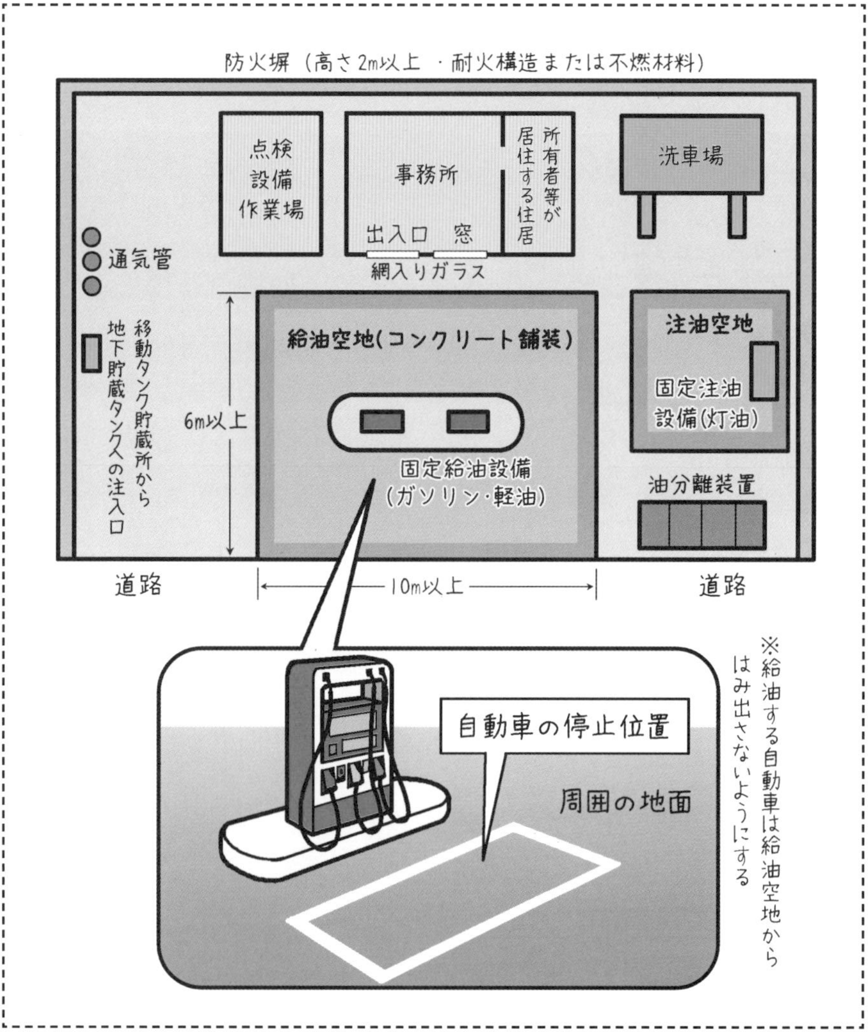

1．構造・設備

給油取扱所の固定給油設備は、自動車等に直接給油するための固定された給油設備とし、ポンプ機器及びホース機器から構成される。地上部分に設置された固定式と、天井から吊り下げる懸垂（けんすい）式がある。

固定給油設備のうちホース機器の周囲（懸垂式の固定給油設備にあってはホース機器の下方）には、自動車等に直接給油し、及び給油を受ける自動車等が出入りするための、**間口 10m 以上、奥行6m 以上**で、次に掲げる要件に適合する**空地**（**給油空地**）を保有すること。

①自動車等が安全かつ円滑に出入りすることができる幅で、道路に面していること。
②自動車等が当該空地からはみ出さずに、安全かつ円滑に通行することができる広さを有すること。
③自動車等が当該空地からはみ出さずに、安全かつ円滑に給油を受けることができる広さを有すること。

固定注油設備は、灯油もしくは軽油を容器に詰め替え、または車両に固定された容量 4,000 ℓ 以下のタンクに注入するための固定された注油設備とし、ポンプ機器及びホース機器から構成される。

固定注油設備のホース機器の周囲には、灯油もしくは軽油を容器に詰め替え、または車両に固定されたタンクに注入するための**空地**（**注油空地**）を**給油空地以外の場所に保有**すること。

給油空地及び**注油空地**は、漏れた危険物が浸透しないようにするため、次に掲げる要件に適合する**舗装**をすること。

①漏れた危険物が浸透し、または当該危険物によって劣化し、もしくは変形するおそれがないものであること。
②給油取扱所において、想定される自動車等の荷重により損傷するおそれがないものであること。
③耐火性を有するものであること。

給油空地及び注油空地には、漏れた危険物及び可燃性の蒸気が滞留せず、かつ、当該危険物その他の液体が当該給油空地及び注油空地以外の部分に流出しないような措置（排水溝及び**油分離装置**等）を講ずること。

※油分離装置（油水分離装置）は、水中に混ざっている油分を分離する装置である。水分はそのまま排水するが、油分（廃油）はあふれないように**定期的に回収**する必要がある。また、**回収した廃油は下水に排出しない**こと。

給油取扱所には、固定給油設備もしくは固定注油設備に接続する**専用タンク**、または**容量 10,000ℓ 以下の廃油タンク**等を**地盤面下に埋没**して設けることができる。

※地盤面下に埋没して設ける固定給油設備もしくは固定注油設備に接続する専用タンクの場合、容量の制限はない。

給油取扱所の周囲には、自動車等の出入りする側を除き、火災による被害の拡大を防止するための**高さ２m 以上の塀**または**壁**であって、耐火構造のものまたは不燃材料で造られたものを設けること。この場合において、塀または壁は、開口部を有していないものであること。

屋内給油取扱所において、事務所等の窓または出入口にガラスを用いる場合は、**網入りガラス**とすること。

２．標識・掲示板

製造所等では、見やすい箇所に危険物の製造所・貯蔵所・取扱所である旨を表示した**標識**、及び防火に関して必要な事項を掲示した**掲示板**を設けること。

掲示板は、幅 0.3m 以上、長さ 0.6m 以上とすること。

給油取扱所にあっては、地を**黄赤（オレンジ）色**、文字を**黒色**として「**給油中エンジン停止**」と表示した**掲示板**を設けること。

給油中
エンジン停止

３．取扱いの基準

自動車等に給油するときは、固定給油設備を使用し、**直接給油**すること。

自動車等に給油するときは、自動車等の**原動機（エンジン）を停止させる**こと。

自動車等の一部または全部が**給油空地からはみ出たままで**給油しないこと。

給油の業務が行われていないときは、**係員以外の者を出入りさせない**ため必要な措置を講ずること。

Q 過去問題

問1 法令上、給油取扱所の基準として、次のうち誤っているものはどれか。

☐ 1．給油取扱所の周囲には、自動車の出入りする側を除き、高さ2m以上の耐火構造又は不燃材料で造られた塀又は壁を設けなければならない。

2．屋内給油取扱所の事務所等の窓又は出入口にガラスを用いる場合は、網入りガラスとしなければならない。

3．給油空地及び注油空地は、漏れた危険物が浸透できる舗装をしなければならない。

4．給油取扱所の見やすい箇所には、地を黄赤色、文字を黒色として「給油中エンジン停止」と表示した、規則で定める大きさ以上の掲示板を設けなければならない。

問2 法令上、給油取扱所の固定給油設備のホース機器の周囲には、自動車等に直接給油し、及び給油を受ける自動車等が出入りするための空地が必要であるが、この空地の間口と奥行きの組合せとして、次のうち正しいものはどれか。ただし、基準の特例を適用するものを除く。

	間口	奥行き
☐ 1．	10m以上	4m以上
2．	10m以上	6m以上
3．	15m以上	4m以上
4．	15m以上	6m以上

問3 法令上、給油取扱所（航空機、船舶及び鉄道給油取扱所を除く。）における危険物の取扱いの基準について、次のうち誤っているものはどれか。

☐ 1．自動車に給油するときは、自動車のエンジンを停止させること。

2．油分離装置にたまった廃油を下水に排出するときは、少量ずつ、かくはんしながら行うこと。

3．自動車に給油するときは、固定給油設備を使用して直接給油すること。

4．給油の業務が行われていないときは、係員以外の者を出入りさせないため、必要な措置を講じること。

問4 法令上、給油取扱所の基準として、次のA～Dのうち、正しいものの組合せはどれか。

A．屋内給油取扱所の事務所等の窓または出入口にガラスを用いる場合は、網入りガラスとしなければならない。

B．給油取扱所の周囲には、自動車の出入りする側を除き、高さ1m以上の耐火構造の塀または壁を設けなければならない。

C．容量1,000ℓ以下の廃油タンクは、給油取扱所の地盤面上に設けなければならない。

D．給油取扱所の見やすい箇所には、地を黄赤色、文字を黒色として「給油中エンジン停止」と表示した、規則で定める大きさ以上の掲示板を設けなければならない。

☐ 1．AとB
2．AとD
3．BとC
4．CとD

問5 法令上、給油取扱所における取扱いの基準について、次のうち正しいものはどれか。

☐ 1．軽油を給油する場合であっても、自動車の原動機は停止させなければならない。
2．固定給油設備が故障したときに限り、金属製ドラムから直接給油することができる。
3．大型車両に給油する場合には、少なくとも車両の半分以上が給油取扱所の敷地内に入っていなければ給油してはならない。
4．静電気除去のため、自動車は必ず接地導線で接地してから給油しなければならない。

A 正解と解説

問1 正解3

3．給油空地及び注油空地は、漏れた危険物が浸透しない舗装をしなければならない。具体的には、コンクリート舗装にする。アスファルト舗装では、危険物が浸透し、危険物によって劣化するおそれがある。

問2 正解2

2．給油空地は、間口10m以上、奥行き6m以上必要となる。

問3 正解2

2．油分離装置にたまった廃油は、あふれないように随時くみ上げること。また、廃油は下水に排出してはならない。

問4 正解2

B．高さ2m以上の耐火構造または不燃材料で造られた塀または壁を設けなければならない。

C．地盤面下に容量10,000ℓ以下の廃油タンクを埋没して設けることができる。

問5 正解1

1．ガソリンや軽油、LPG、CNGなど燃料の種類は問わず、原動機を停止させること。

2．固定給油設備が故障した場合は、自動車への給油ができない。固定給油設備を使用しないで給油してはならない。

3．自動車の一部が給油空地からはみ出た状態で給油してはならない。

4．自動車を接地導線で接地する必要はない。ただし、移動タンク貯蔵所については、ガソリンやベンゼンなどをタンクから出し入れする場合、移動タンク貯蔵所を接地することで静電気による災害の発生を防止する。

17 セルフ型の給油取扱所の基準

◉セルフ型固定給油設備の表示事項とその周辺

ホース機器等の使用方法　危険物の品目

自動車の停止位置

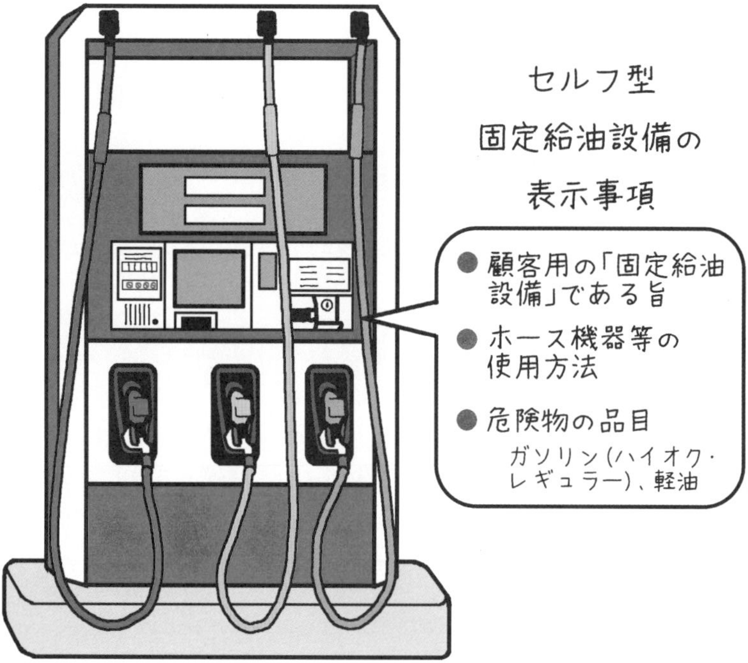

セルフ型
固定給油設備の
表示事項

- 顧客用の「固定給油設備」である旨
- ホース機器等の使用方法
- 危険物の品目
  ガソリン（ハイオク・レギュラー）、軽油

1．構造・設備の基準

顧客に自ら給油等をさせる給油取扱所（セルフ型スタンド）には、給油取扱所へ進入する際に**見やすい**箇所に、**顧客が自ら給油**等を行うことができる給油取扱所である旨を表示すること。

顧客用固定給油設備及び顧客用固定注油設備には、それぞれ**顧客が自ら自動車等に給油することができる固定給油設備**、または**顧客が自ら危険物を容器に詰め替えることができる固定注油設備**である旨を見やすい箇所に表示するとともに、その周囲の地盤面等に**自動車等の停止位置**または**容器の置き場所**等を表示すること。

顧客用固定給油設備及び顧客用固定注油設備にあっては、その給油ホース等の直近その他の見やすい箇所に、**ホース機器等の使用方法**及び**危険物の品目**を表示すること。この場合において、危険物の品目の表示は、次の表に定める文字及び彩色とすること。

設備	名称〔彩色〕		主な用途
給油	ガソリン	ハイオク………〔黄〕	ガソリンエンジンの燃料
		レギュラー……〔赤〕	
	軽油…………………………〔緑〕		ディーゼルエンジンの燃料
注油	灯油…………………………〔青〕		灯油ストーブの燃料など

※ハイオクガソリンはレギュラーガソリンに比べてオクタン価が高く、ノッキング（エンジン内部の異常燃焼）を抑える効果が高い。高出力仕様のエンジンを搭載した自動車では、自動車メーカーがハイオクの使用を指定している場合もある。

Q 過去問題

問1 法令上、顧客に自ら給油等をさせる給油取扱所において、顧客用固定給油設備及び顧客用固定注油設備並びにその周辺に表示する事項として定められていないものは、次のうちどれか。

☐ 1．事故発生時における責任及び保障の範囲
2．ホース機器等の使用方法
3．自動車等の停止位置又は容器の置き場所
4．危険物の品目

A 正解と解説

問1 正解1

18 消火設備

◉消火設備は、第１種～第５種に区分。
- 第４種……大型消火器
- 第５種……小型消火器、乾燥砂、膨張ひる石など。

◉地下タンク貯蔵所は、小型消火器を２個以上設置。

◉移動タンク貯蔵所は、自動車用で法定の消火器を２個以上設置。

◉棒状の強化液消火器は、第４類危険物の火災に不適。

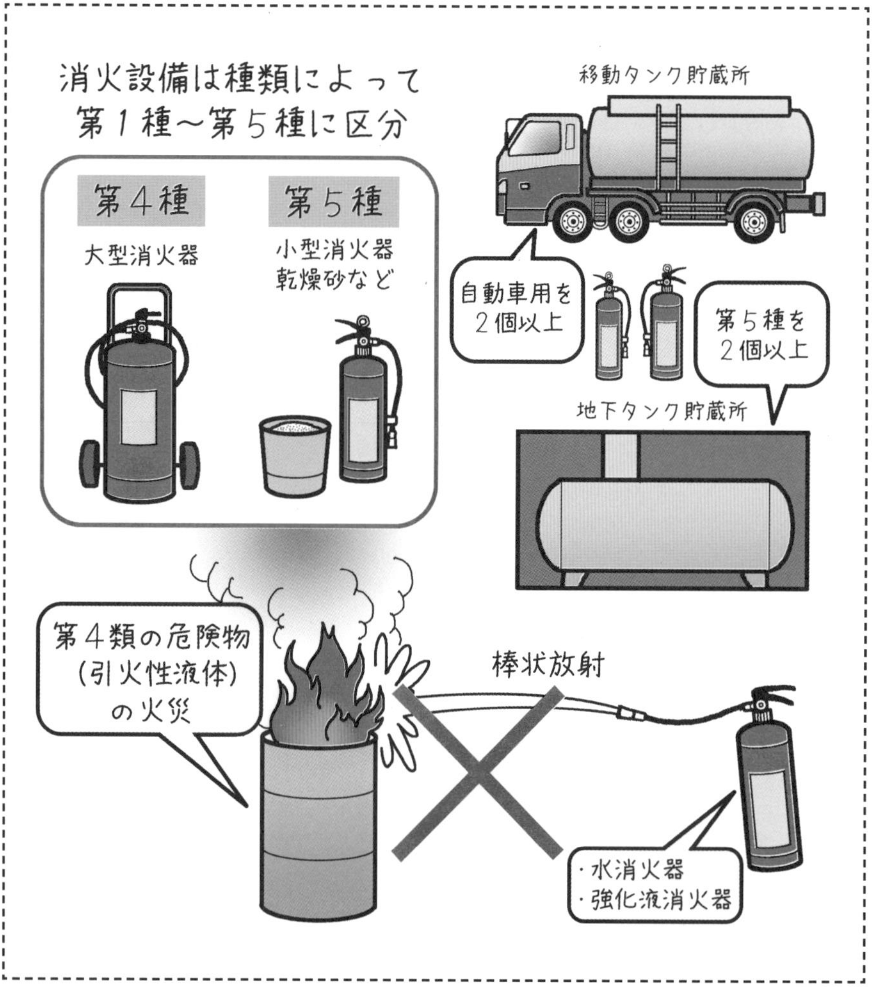

消火設備は種類によって
第１種～第５種に区分

第４種
大型消火器

第５種
小型消火器
乾燥砂など

移動タンク貯蔵所

自動車用を
２個以上

第５種を
２個以上

地下タンク貯蔵所

第４類の危険物
（引火性液体）
の火災

棒状放射

・水消火器
・強化液消火器

1．消火設備の種類

消火設備は、消火能力の大きさなどにより、**第１種から第５種**までの５つに区分するものとする。

区 分	消火設備の種類
第１種	・屋内消火栓設備　・屋外消火栓設備
第２種	・スプリンクラー設備
第３種	・水蒸気消火設備　・水噴霧消火設備　・泡消火設備 ・不活性ガス消火設備　・ハロゲン化物消火設備　・粉末消火設備
第４種	・**大型消火器**
第５種	・**小型消火器**　・**乾燥砂**　・水バケツ　・水槽 ・膨張真珠岩（パーライト）　・膨張ひる石（バーミキュライト）

※「消火栓…第１種」、「スプリンクラー…第２種」、「消火設備…第３種」、「大型の消火器…４種」、「小型の消火器＋その他…第５種」と覚える。

2．所要単位と能力単位

所要単位は、消火設備の設置の対象となる建築物その他の工作物の規模または危険物の量の基準の単位をいう。

能力単位は、所要単位に対応する消火設備の消火能力の基準の単位をいう。

製造所等の構造及び危険物		１所要単位当たりの数値
製造所・取扱所	耐火構造	延べ面積 100m²
	不燃材料	延べ面積 50m²
貯蔵所	耐火構造	延べ面積 150m²
	不燃材料	延べ面積 75m²
危険物		**指定数量の 10 倍**

例えば、耐火構造で造られた製造所（延べ面積 300m²）で、ガソリン 2,000ℓ を貯蔵または取り扱う場合、ガソリンの指定数量の倍数は 2,000ℓ ÷ 200ℓ ＝ 10 で所要単位は１、また延べ面積の所要単位は 300m² ÷ 100m² ＝ 3 となり、合計すると所要単位は４となる。

3．消火設備の設置

消火設備は、**製造所等の規模、危険物の品名及び最大数量等**による区分に応じて、それぞれの消火に適応するものを設置する。

電気設備、地下タンク貯蔵所及び移動タンク貯蔵所に必要な消火設備は次のとおりである。

電気設備	電気設備のある場所の面積 100m² ごとに、適応する消火設備を1つ以上
地下タンク貯蔵所	**第５種**の消火設備の中で適応するものを**２つ以上**
移動タンク貯蔵所	**自動車用消火器**の中で適応するものを**２つ以上** （➡ 強化液（霧状）消火器・不活性ガス消火器・粉末消火器）

4．消火設備と適応する危険物の火災（ポイント）

建築物その他の工作物や電気設備、危険物（第４類・第５類・第６類）の火災に適応する消火設備は、次のとおりである。

例えば、水消火器（棒状）は第５類及び第６類危険物の火災には適応するが、第４類危険物の火災には適応しない。また、泡消火器は第４類・第５類・第６類危険物の火災には適応するが、電気設備の火災は感電の危険があるため、適応しない。

消火設備の区分			建築物その他の工作物	電気設備	第4類	第5類	第6類
第4種（大型消火器）または第5種（小型消火器）	水消火器	（棒状）	○	－	－	○	○
		（霧状）	○	○	－	○	○
	強化液消火器	（棒状）	○	－	－	○	○
		（霧状）	○	○	○	○	○
	泡消火器		○	－	○	○	○
	二酸化炭素消火器		－	○	○	－	－
	ハロゲン化物消火器		－	○	○	－	－
	粉末消火器	（りん酸塩類等）	○	○	○	－	○
		（炭酸水素塩類等）	－	○	○	－	－
		（その他のもの）	－	－	－	－	－
第5種	水バケツまたは水槽		○	－	－	○	○
	乾燥砂		－	－	○	○	○
	膨張ひる石または膨張真珠岩		－	－	○	○	○

Q 過去問題

問1 法令上、第４類の危険物の火災に適応する第４種の消火設備に該当するものは、次のうちどれか。

☐ 1．スプリンクラー設備
2．屋内消火栓設備
3．泡を放射する大型の消火器
4．乾燥砂

問2 法令上、消火設備の区分について、次のうち第５種の消火設備はどれか。

☐ 1．スプリンクラー設備
2．消火粉末を放射する小型の消火器
3．ハロゲン化物消火設備
4．泡を放射する大型の消火器

問3 法令上、製造所等に設置する消火設備について、次のうち誤っているものはどれか。

☐ 1．泡を放射する消火器は、移動タンク貯蔵所に設ける消火設備に該当しない。
2．乾燥砂は、第５種の消火設備に該当する。
3．移動タンク貯蔵所の消火設備は、自動車用消火器の中から技術上の基準に適合するものを設けなければならない。
4．地下タンク貯蔵所は、タンクが地盤面下に埋まっていて、危険性が小さいため消火設備は設置しなくてもよい。

問4 法令上、消火設備について、次のうち誤っているものはどれか。

☐ 1．移動タンク貯蔵所には、自動車用消火器の中から適応するものを２個以上設けなければならない。
2．ガソリン、灯油等を貯蔵し、又は取り扱う製造所等には、その貯蔵量又は取扱量に関係なく、第１種から第５種までの消火設備すべてを設けなければならない。
3．電気設備のある製造所等では、電気設備に対する消火設備を設けなければならない。
4．製造所等における消火設備の所要単位は、建築物の構造及び面積並びに危険物の指定数量の倍数などから計算される。

問5 法令上、製造所等に設置する消火設備について、次のうち誤っているものはどれか。

☐ 1．製造所等の規模、危険物の品名及び最大数量等による区分に応じて、それぞれの消火に適応する消火設備を設置する。
2．地下タンク貯蔵所には、第5種の消火設備を2個以上設置する。
3．消火設備には、第1種から第5種までの区分がある。
4．乾燥砂は、第1種の消火設備である。

問6 法令上、消火設備について、次のうち正しいものはどれか。

☐ 1．消火設備は、第1種から第10種までに区分されている。
2．第4類の危険物に適応する消火設備を第4種という。
3．小型の消火器は、第5種の消火設備である。
4．乾燥砂は、第4種の消火設備に該当する。

問7 法令上、第4類の危険物の火災に適応しない消火器は、次のうちどれか。

☐ 1．棒状の強化液を放射する消火器
2．泡を放射する消火器
3．二酸化炭素を放射する消火器
4．リン酸塩類等の消火粉末を放射する消火器

A 正解と解説

問1 正解3

第４種の消火設備は、大型消火器である。

問2 正解2

第５種の消火設備は、小型消火器・乾燥砂・膨張ひる石などである。

問3 正解4

1．移動タンク貯蔵所には、自動車用消火器のうち、強化液消火器（霧状）、二酸化炭素消火器、ハロゲン化物消火器、または粉末消火器を２つ以上設けること。泡消火器は、振動で内部の消火液が発泡し放射能力が低下するため、法令では対象に含められていない。

4．地下タンク貯蔵所は、第５種の消火設備（小型消火器など）を２つ以上設置しなければならない。

問4 正解2

2．このような規定はない。

問5 正解4

4．乾燥砂は、第５種の消火設備である。第１種の消火設備は、屋内・屋外消火栓設備である。

問6 正解3

1．消火設備は、第１種から第５種までに区分されている。

2．第４類の危険物に適応する消火設備を「第４種」としているわけではない。第４種の消火設備には大型消火器が分類されている。

4．乾燥砂は、第５種の消火設備に該当する。

問7 正解1

1．棒状の強化液を放射する消火器は、第４類の危険物の火災に適応しない。第４類の危険物の大半は比重が１より小さいため、消火液の上に浮いて火災面が広がる危険性がある。また、棒状放射により危険物を周囲に飛散させるおそれがある。

19 警報設備

◉ ① 自動火災報知設備　② 消防機関に報知ができる電話　③ 非常ベル装置　④ 拡声装置　⑤ 警鐘 の５種類ある。

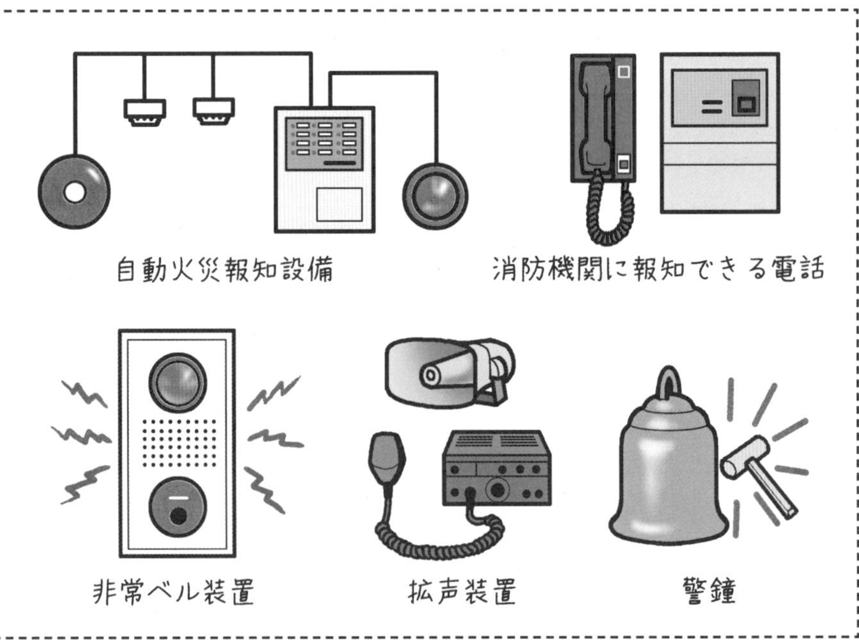

1．警報設備の設置

指定数量の 10 倍以上の危険物を貯蔵し、または取り扱う製造所等（移動タンク貯蔵所を除く）は、火災が発生した場合に自動的に作動する火災報知設備その他の警報設備を設けなければならない。

警報設備は、次のとおりとする。

①自動火災報知設備		②消防機関に報知ができる電話
③非常ベル装置	④拡声装置	⑤警鐘（けいしょう）

①自動火災報知設備

…火災による煙や熱を感知器が早期に自動的に感知して、警報ベルなどで、建物内の人達に火災を知らせる設備。煙や熱の感知器、感知器からの信号を受ける受信機、警報ベルなどで構成される。

②消防機関に報知ができる電話

…火災が発生した場合、専用通報装置を操作することにより、電話回線を使用して消防機関へ、自動的に通報するとともに、通話を行うことができる装置。ボタン１つで消防機関に通知ができる。

③非常ベル装置………… 押しボタンによる操作のみで鳴動するベル。

④拡声装置……………… 携帯用拡声器（メガホン）や放送設備が該当する。

⑤警鐘（けいしょう）… 危険の予告、警戒のために鳴らす鐘。

Q 過去問題

問1 製造所等に設置しなければならない警報設備の区分として、規則で定められていないものは、次のうちどれか。

☐ 1．警鐘
2．消防機関に報知ができる電話
3．赤色灯
4．非常ベル装置

問2 製造所等に設置しなければならない警報設備の区分として、規則で定められていないものは、次のうちどれか。

☐ 1．拡声装置
2．インターホン
3．自動火災報知設備
4．非常ベル装置

問3 法令上、製造所等に設置しなければならない警報設備に該当しないものは、次のうちどれか。

☐ 1．消防機関に報知ができる電話
2．無線通信補助設備
3．拡声装置
4．警鐘

A 正解と解説

問1 正解３　**問2** 正解２　**問3** 正解２

20 貯蔵・取扱いの基準

これだけ覚える!!

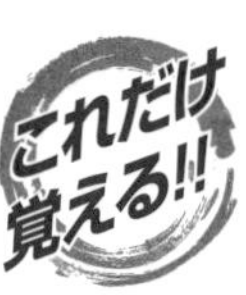

- ◉許可または届出に係る品名以外の危険物は、貯蔵・取り扱いしない。
- ◉貯留設備または油分離装置にたまった危険物は、随時くみ上げる。
- ◉危険物のくず、かす等は１日に１回以上安全な場所で廃棄などの処置をする。
- ◉危険物が残存し、または残存しているおそれがある設備等を修理する場合は、危険物を完全に除去した後に行う。

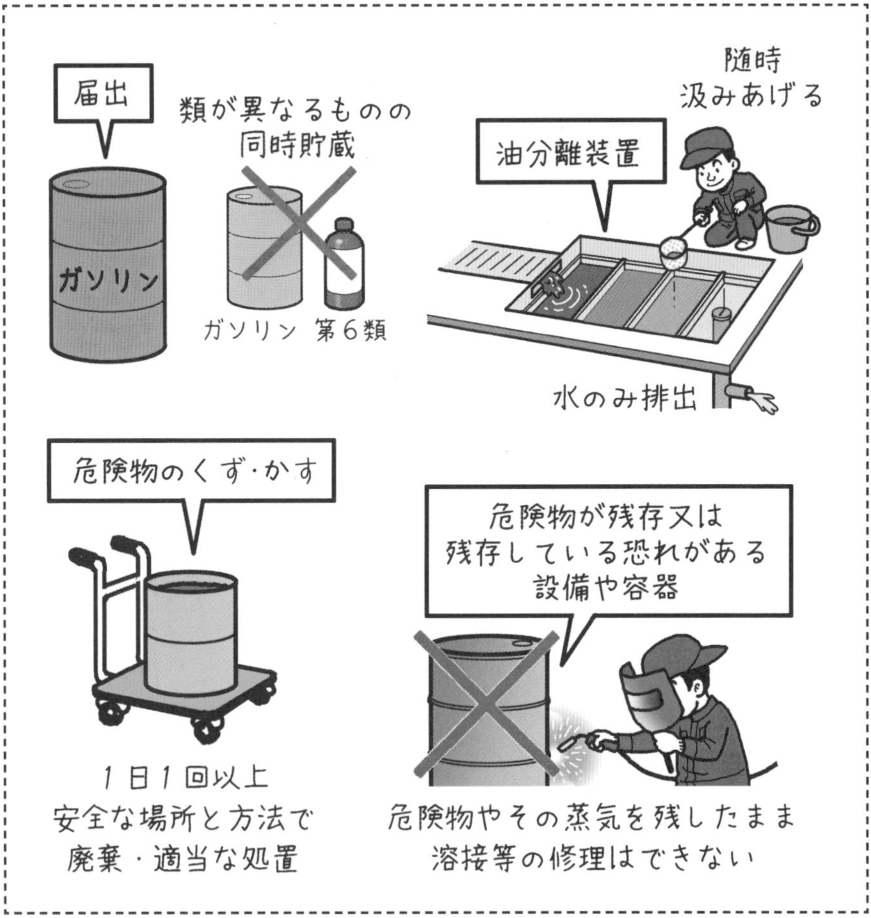
届出
ガソリン
類が異なるものの
同時貯蔵
ガソリン　第６類
随時
汲みあげる
油分離装置
水のみ排出
危険物のくず・かす
1日1回以上
安全な場所と方法で
廃棄・適当な処置
危険物が残存又は
残存している恐れがある
設備や容器
危険物やその蒸気を残したまま
溶接等の修理はできない

1. 貯蔵・取扱いの共通基準

製造所等においてする危険物の貯蔵または取扱いは、数量のいかんを問わず、法令で定める技術上の基準に従ってこれをしなければならない。

項目	技術上の基準
1	製造所等において、許可もしくは届出に係る品名以外の危険物を貯蔵し、または取り扱わないこと。
2	製造所等において、許可もしくは届出に係る数量（指定数量）を超える危険物を貯蔵し、または取り扱わないこと。
3	製造所等においては、**みだりに火気を使用しない**こと。 ※「みだりに」とは、正当な理由もなく、という意味。
4	製造所等には、**係員以外の者をみだりに出入りさせない**こと。
5	製造所等においては、**常に整理及び清掃**を行うとともに、みだりに空箱その他の**不必要な物件を置かない**こと。
6	**貯留設備**または**油分離装置**にたまった危険物は、あふれないように**随時くみ上げる**こと。
7	危険物の**くず**、**かす**等は、**1日1回以上**危険物の性質に応じて安全な場所で**廃棄**その他適切な処置をすること。
8	危険物を貯蔵し、または取り扱う建築物その他の工作物または設備は、危険物の**性質に応じ**、**遮光**または**換気**を行うこと。
9	危険物は、温度計、湿度計、圧力計その他の**計器を監視**して、危険物の性質に応じた**適正な温度**、**湿度**または**圧力を保つ**ように貯蔵し、または取り扱うこと。
10	危険物を貯蔵し、または取り扱う場合においては、危険物が**漏れ**、**あふれ**、または**飛散しない**ように**必要な措置を講じる**こと。
11	危険物が**残存**し、または**残存しているおそれ**がある設備、機械器具、容器等を修理する場合は、安全な場所において、**危険物を完全に除去**した後に行うこと。
12	危険物を容器に収納して貯蔵し、または取り扱うときは、その**容器**は、当該危険物の**性質に適応**し、かつ、破損、腐食、さけめ等がないものであること。
13	危険物を収納した容器を貯蔵し、または取り扱う場合は、みだりに**転倒**させ、**落下**させ、**衝撃**を加え、または**引きずる等粗暴な行為をしない**こと。
14	可燃性の液体、蒸気もしくはガスが漏れ、もしくは滞留するおそれのある場所では、電線と電気器具とを完全に接続し、かつ、**火花を発する機械器具**、工具、履物等を**使用しない**こと。
15	第４類の危険物は、**炎**、**火花**若しくは**高温体**との**接近**または**過熱を避ける**とともに、**みだりに蒸気を発生させない**こと。
16	**屋内貯蔵所**及び**屋外貯蔵所**において、危険物を貯蔵する場合の容器の積み重ね高さは、**3m を超えて容器を積み重ねない**。

Q 過去問題

問1 法令上、製造所等における危険物の貯蔵及び取扱いの技術上の基準について、次のうち誤っているものはどれか。

☐ 1．製造所等においては、許可若しくは届出に係る品名以外の危険物を貯蔵し、又は取り扱ってはならない。
2．製造所等においては、常に整理及び清掃を行うとともに、みだりに空箱その他不必要な物件を置いてはならない。
3．貯留設備又は油分離装置にたまった危険物は、10日に1回以上くみ上げなければならない。
4．危険物を貯蔵し、又は取り扱う建築物は、当該危険物の性質に応じ、遮光又は換気を行わなければならない。

問2 法令上、ガソリン、灯油を金属製容器で貯蔵する屋内貯蔵所の貯蔵及び取扱いの技術上の基準として、次のうち誤っているものはどれか。

☐ 1．許可又は届出に係る品名以外の危険物を貯蔵する場合は、指定数量の10倍以下としなければならない。
2．危険物を収納した容器を貯蔵し、又は取り扱う場合は、みだりに転倒させ、落下させ、衝撃を加え、又は引きずる等粗暴な行為をしてはならない。
3．危険物を貯蔵する場合においては、3mの高さを超えて容器を積み重ねてはならない。
4．危険物は、炎、火花若しくは高温体との接近又は過熱を避けるとともに、みだりに蒸気を発生させてはならない。

問3 法令上、製造所等における危険物の貯蔵及び取扱いの技術上の基準について、次のうち誤っているものはどれか。

☐ 1．係員以外の者をみだりに出入りさせてはならない。
2．危険物が残存し、又は残存しているおそれがある設備、機械器具、容器等を修理する場合は、残存する危険物に注意して溶接等の作業を行わなければならない。
3．危険物を貯蔵し、又は取り扱う場合は、当該危険物が漏れ、あふれ又は飛散しないように必要な措置を講じなければならない。
4．常に整理及び清掃を行うとともに、みだりに空箱その他の不必要な物件を置いてはならない。

問4 法令上、製造所等における危険物を取扱う場合の技術上の基準について、次のうち誤っているものはどれか。

☐ 1．みだりに火気を使用しないこと。
2．係員以外の者をみだりに出入りさせないこと。
3．常に整理及び清掃を行うこと。
4．危険物のくず、かす等は１週間に１回、焼却以外の方法で廃棄すること。

問5 法令上、危険物に関する貯蔵及び取扱いの技術上の基準について、次のうち誤っているものはどれか。

☐ 1．移動貯蔵タンクには、当該タンクが貯蔵し、又は取り扱う危険物の類、品名及び最大数量を表示する。
2．屋内貯蔵所に金属製ドラムで灯油を貯蔵するときは、高さ３m以下でなければならない。
3．給油取扱所で自動車に給油するとき、給油ホースの届く範囲内ならば、自動車は給油空地からはみ出てもよい。
4．一般取扱所では、貯留設備又は油分離装置にたまった危険物は、あふれないよう随時くみ上げなければならない。

A 正解と解説

問1 正解3

3．貯留設備または油分離装置にたまった危険物は、あふれないように随時くみ上げること。

問2 正解1

1．許可または届出に係る品名以外の危険物は、貯蔵してはならない。

問3 正解2

2．危険物が残存し、または残存しているおそれがある設備、機械器具、容器等を修理する場合は、安全な場所において、危険物を完全に除去した後に行うこと。

問4 正解4

4．危険物のくず、かす等は、１日１回以上危険物の性質に応じて安全な場所で廃棄その他適切な処置をすること。

問5 正解3

3．給油取扱所で自動車に給油するとき、自動車は一部であっても給油空地からはみ出てはならない。「16．給油取扱所の基準」64P参照。

21 運搬の基準

◉運搬に関する技術上の基準は、指定数量未満の危険物にも適用される。
◉運搬容器は密封して収納する。
◉運搬容器の収納口は、上方に向けて積載する。
◉運搬容器の外部には、品名、数量等を表示する。
◉類が異なる危険物は、混載できる場合と混載できない場合がある。
◉指定数量以上を運搬する場合は、さらに追加の規制がある。

「運搬の基準」は指定数量未満にも適用

指定数量以上は消火器を備える

容器は密封

収納口は上方に向けて積載

危

品名・数量等を表示

指定数量以上は 危 を車両の前後に表示する
[黒地に黄文字]

類が異なる危険物を混載できる場合がある
※第４類が混載できる危険物
[第２類][第３類][第５類]

1．運搬の基準の適用

危険物の運搬とは、トラックなどの車両によってドラム缶や一斗缶等に詰められた危険物を運ぶことをいう。この運搬に関する技術上の基準は、**指定数量未満の危険物にも適用**される。

一方、「移送」は、**タンクローリー（移動タンク貯蔵所）**で危険物を運ぶことをいう。まったく内容が異なる。

運搬	トラックで容器入りの危険物を運ぶ

移送	タンクローリーのタンクで危険物を運ぶ

2．運搬容器への収納

危険物は、原則として**運搬容器に収納**して積載すること。ただし、**塊状の硫黄等**を運搬するため積載する場合、または危険物を一の製造所等から当該製造所等の存する敷地と同一の敷地内に存する他の製造所等へ運搬するため積載する場合は、この限りでない。

危険物は、温度変化等により危険物が漏れないように運搬容器を**密封して収納**すること。ただし、温度変化等により危険物からのガスの発生によって運搬容器内の圧力が上昇するおそれがある場合は、発生するガスが毒性または引火性を有する等の危険性があるときを除き、**ガス抜き口**を設けた運搬容器に収納することができる。

液体の危険物は、運搬容器の内容積の**98%以下の収納率**であって、かつ、**55℃の温度**において漏れないように十分な空間容積を有して運搬容器に収納すること。

3．運搬容器への表示

危険物は、原則として**運搬容器の外部**に、次に掲げる事項を**表示**して積載すること。

①危険物の**品名**	②危険等級	③化学名
④第４類の危険物のうち水溶性のものは「**水溶性**」		
⑤危険物の**数量**	⑥収納する危険物に応じた**注意事項**	

4．運搬容器の積載方法

危険物は、当該危険物が**転落**し、または危険物を収納した運搬容器が**落下**し、転倒し、もしくは破損しないように積載すること。

運搬容器は、**収納口を上方に向けて**積載すること。

同一車両において類を異にする危険物を運搬するとき、**混載してはならない危険物**は次のとおりとする（○混載可、×混載不可）。

	第1類	第2類	第3類	第4類	第5類	第6類
第1類		×	×	×	×	○
第2類	×		×	○	○	×
第3類	×	×		○	×	×
第4類	×	○	○		○	×
第5類	×	○	×	○		×
第6類	○	×	×	×	×	

5．運搬方法

危険物または危険物を収納した運搬容器が、**著しく摩擦**または**動揺**を起こさないように運搬すること。

指定数量以上の危険物を車両で運搬する場合には、次の規制がある。

①車両の前後の見やすい箇所に**標識を掲げる**こと。この標識は、0.3m 平方の黒色の板に**黄色の反射塗料**、その他反射性を有する材料で**「危」**と表示したものとする。

②積替え、休憩、故障等のため車両を**一時停止**させるときは、**安全な場所を選び**、かつ、運搬する**危険物の保安**に注意すること。

③**危険物に適応する消火設備**を備えること。

0.3m
危
0.3m

Q 過去問題

問1 法令上、危険物の運搬に関する技術上の基準について、次のうち誤っているものはどれか。

☑ 1．指定数量以上の危険物を車両で運搬する場合には、もよりの消防機関に通報しなければならない。

2．危険物を収納した運搬容器が、著しく摩擦又は動揺を起こさないように運搬しなければならない。

3．指定数量以上の危険物を車両で運搬する場合には、当該危険物に適応する消火設備を備え付けておかなければならない。

4．指定数量以上の危険物を車両で運搬する場合には、当該車両に「危」の標識を掲げなければならない。

問2 法令上、危険物を車両で運搬するときの技術上の基準について、次のうち誤っているものはどれか。

☐ 1．運搬容器の収納口は、側方に向けて積載しなければならない。
2．危険物又は危険物を収納した運搬容器が、著しく摩擦又は動揺を起こさないように運搬しなければならない。
3．指定数量以上の危険物を車両で運搬する場合には、当該危険物に適応する消火器を備えなければならない。
4．指定数量以上の危険物を運搬する場合において、積替え、休憩、故障等のため車両を一時停止させるときは、安全な場所を選び、かつ、運搬する危険物の保安に注意しなければならない。

問3 法令上、危険物の運搬について、次のうち誤っているものはどれか。

☐ 1．指定数量以上の危険物を車両で運搬する場合には、「危」と表示した標識を掲げなければならない。
2．危険物を収納した運搬容器が著しく摩擦または動揺を起こさないように運搬しなければならない。
3．運搬容器の外部に危険物の品名、数量等を表示しなければならない。
4．危険物の運搬量が指定数量未満の場合は、特に規制がないので自由に運搬することができる。

問4 法令上、危険物の積載及び運搬の方法として、次のうち誤っているものはどれか。

☐ 1．指定数量以上の危険物を車両で運搬する途中、車両を一時停止するときは、安全な場所を選び、かつ、運搬する危険物の保安に注意しなければならない。
2．運搬容器は収納口を上に向け、転倒、落下しないように積載しなければならない。
3．指定数量以上の危険物を車両で運搬する場合は、適応する消火設備を備え付けなければならない。
4．指定数量以上の危険物を車両で運搬する場合は、10日前までに所轄消防署長に届け出なければならない。

問5 法令上、危険物の運搬について、次のうち正しいものはどれか。

☐ 1．運搬する量が指定数量未満の場合は、運搬容器の外部に品名、数量等を表示しなくてもよい。
2．指定数量未満の危険物を収納した運搬容器は、収納口を横に向けて積載してもよい。
3．類が異なる危険物は、絶対に混載してはならない。
4．指定数量以上の危険物を車両で運搬する場合において、積替え、休憩、故障等のため車両を一時停止させるときは、安全な場所を選び、かつ、運搬する危険物の保安に注意すること。

問6 法令上、危険物の運搬の基準について、次のうち正しいものはどれか。

☐ 1．夏季、危険物を金属製ドラムで運搬する場合は、液温の上昇によって金属製ドラム内の圧力が高まり、破裂することがあるので、栓を緩めておかなければならない。
2．危険物の運搬は、原則として運搬容器によって行わなければならないが、容器に危険物の品名及び数量を表示した場合は、運搬容器以外の容器でも行うことができる。
3．指定数量以上の危険物を車両で運搬する場合には、当該危険物に適合する消火設備を備え付けておかなければならない。
4．運搬する危険物が、指定数量の10倍以上となる場合に、この基準が適用される。

問7 危険物の運搬容器及び包装の外部に行う表示について、次のうち、法令上定められていないものはどれか。

☐ 1．危険物の品名及び化学名
2．危険物の数量
3．収納する危険物に応じた注意事項
4．運搬容器の製造会社名

A 正解と解説

問1 正解1

1．消防機関に通報する必要はない。

問2 正解1

1．運搬容器の収納口は、上方に向けて積載しなければならない。

問3 正解4

4．危険物の運搬量が指定数量未満であっても、運搬に関する技術上の基準が適用される。

問4 正解4

4．所轄消防署長に届け出る必要はない。

問5 正解4

1．運搬する量が指定数量未満の場合であっても、運搬容器の外部に品名、数量等を表示しなければならない。

2．運搬容器は、その量にかかわらず、収納口を上方に向けて積載すること。

3．類が異なる危険物は、混載できる場合と混載できない場合がある。例えば、第４類（引火性液体）は、第２類（可燃性固体）と混載できるが、第１類（酸化性固体）とは混載できない。

問6 正解3

1．運搬容器は密封して収納すること。液体の危険物は、運搬容器の内容積の98％以下の収納率であって、かつ、55℃の温度において漏れないように十分な空間容積を有して運搬容器に収納すること、とされている。一部危険物には、設問のように容器内の圧力が高まる場合、発生するガスの種類（引火性蒸気や毒性などがない場合）に応じて、ガス抜き口を設けた運搬容器に収納することができるものがある。

2．運搬容器に収納しなくても積載できるのは、塊状の硫黄等を運搬する場合、または同一敷地内の他の製造所等に危険物を運搬する場合に限られる。

4．運搬する危険物の量にかかわらず、危険物を運搬する場合は、運搬に関する技術上の基準が適用される。

問7 正解4

運搬容器の外部への表示で定められているのは、以下の６つである。

①危険物の品名　②危険等級　③化学名

④第４類の危険物のうち水溶性のものは「水溶性」

⑤危険物の数量　⑥収納する危険物に応じた注意事項

22 移送の基準

◉移動タンク貯蔵所による移送時は、少量でも危険物取扱者の乗車が必要。

◉危険物取扱者は免状を携帯。

◉長時間の運転時は、運転要員が２名以上必要。

◉備え付けが必要な書類は、次の４種類 ➡ ① 完成検査済証 ② 定期点検記録 ③ 譲渡・引渡の届出書 ④ 品名等の変更の届出書

危険物取扱者免状
〇〇〇〇
危険物取扱者は同乗し、必ず免状を携帯すること

長時間の運転時
運転要員は２名以上

危

備え付けが必要な書類は４つ

完成検査済証

定期点検記録

譲渡・引渡の届出書

品名等の変更の届出書

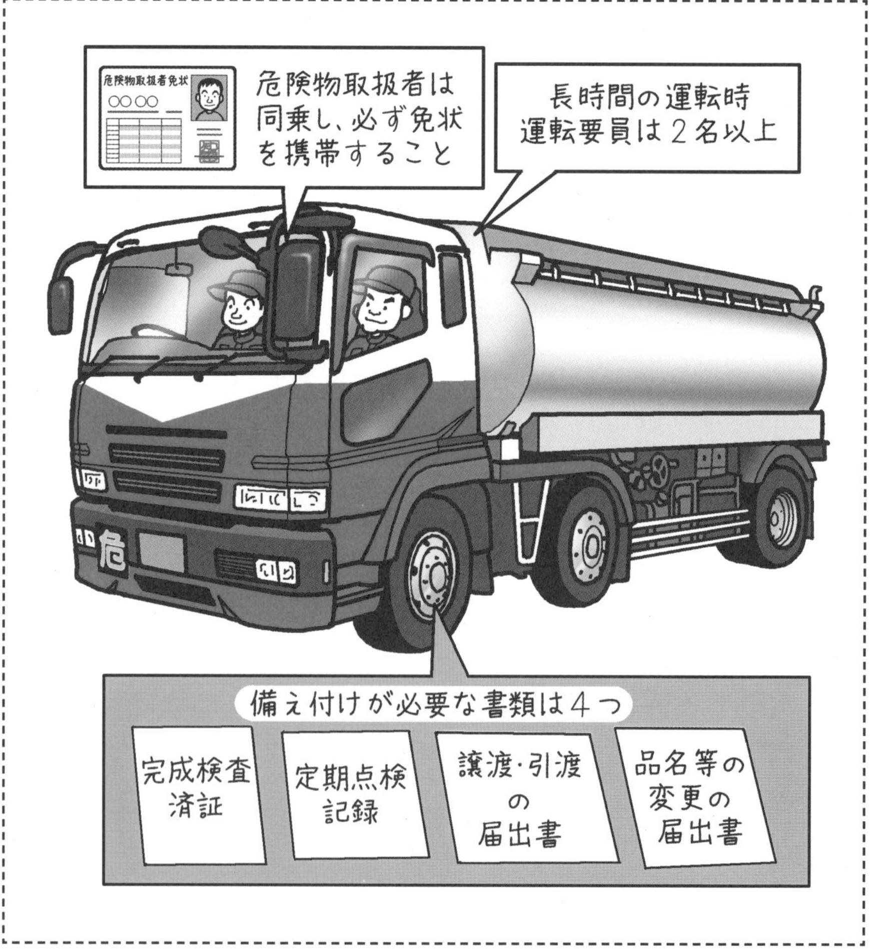

1. 移送の基準

移送とは、移動タンク貯蔵所（タンクローリー）により危険物を運ぶ行為をいう。移送に対し、ドラム缶等の容器に入れて危険物を自動車で運ぶ行為を運搬という。

危険物の移送に関する基準は、次のとおりとする。

項目	移送に関する基準
1	移動タンク貯蔵所による危険物の移送は、移送する危険物を取り扱うことができる**危険物取扱者を乗車**させなくてはならない。 ※指定数量未満の危険物を移送する場合でも、危険物取扱者の乗車義務がある。
2	危険物取扱者は、危険物の移送をする移動タンク貯蔵所に乗車しているときは、危険物取扱者**免状を携帯**していなければならない。
3	危険物を移送する者は、**移送の開始前**に、移動貯蔵タンクの底弁その他の弁、マンホール及び注入口のふた、消火器等の**点検を十分に行う**こと。
4	危険物を移送する者は、**長時間にわたるおそれがある移送**であるときは、**2名以上の運転要員を確保**すること。 長時間にわたるおそれがある移送とは、連続運転時間が**4時間を超える**移送、または1日当たりの運転時間が**9時間を超える**移送をいう。 ⇒運転時間が1日**9時間を超えない**場合は**1名**でもOK！
5	危険物を移送する者は、移動タンク貯蔵所を休憩、故障等のため一時停止させるときは、**安全な場所**を選ぶこと。
6	危険物を移送する者は、移動タンク貯蔵所から危険物が著しく漏れる等災害が発生するおそれのある場合には、災害を防止するための応急措置を講じるとともに、**消防機関等**に通報すること。
7	危険物を移送する者は、法令で定める危険物（**アルキルアルミニウム**等）を移送する場合には、**移送の経路**等を記載した**書面**を**関係消防機関**に送付するとともに、**書面の写しを携帯**し、書面に記載された内容に従うこと。
8	**消防吏員**または**警察官**は、危険物の移送に伴う火災の防止のため特に必要があると認める場合には、走行中の**移動タンク貯蔵所を停止**させ、乗車している危険物取扱者に対し、危険物取扱者免状の提示を求めることができる。 ⇒消防吏員または警察官に**停止を命じられた**場合は、それに**従う**こと！ ※吏員（りいん）：公共団体の職員。地方公務員。

2. 書類の備え付け

移動タンク貯蔵所には、次の書類を備え付けること。

①完成検査済証	②定期点検記録	③譲渡・引渡の届出書
④危険物の品名・数量・指定数量の倍数の変更の届出書		

Q 過去問題

問1 法令上、危険物の運搬及び移送の基準について、次のうち誤っているものはどれか。

☐ 1．指定数量以上の危険物を運搬する場合に限り、運搬の基準に従わなければならない。
2．指定数量以上の危険物を車両で運搬する場合は、当該危険物に適応する消火設備を備えなければならない。
3．移動タンク貯蔵所で危険物を移送する途中、休憩又は故障等で一時停止する場合は、安全な場所を選ばなければならない。
4．移動タンク貯蔵所で危険物を移送する場合は、移送する危険物を取り扱うことができる危険物取扱者が乗車しなければならない。

問2 法令上、運搬及び移送に関する技術上の基準について、次のうち誤っているものはどれか。

☐ 1．危険物を移送する者は、移送する前に移動貯蔵タンクの底弁その他の弁、マンホール及び注入口のふた、消火器等の点検を十分に行うこと。
2．危険物を移送する者は、移動タンク貯蔵所を休憩、故障等のため一時停止させるときは安全な場所に選ぶこと。
3．運搬容器は、収納口を上方又は側方に向けて積載すること。
4．指定数量以上の危険物を車両で運搬する場合は、その危険物に適応する消火設備を備えること。

問3 法令上、移動タンク貯蔵所による危険物の移送について、次のうち誤っているものはどれか。

☐ 1．移送する危険物を取り扱うことができる危険物取扱者が乗車しなければならない。
2．20,000ℓ以上のガソリンを移送する場合は、危険物保安監督者が乗車しなければならない。
3．移送のために乗車する危険物取扱者は、必ず免状を携帯していなければならない。
4．移動タンク貯蔵所には、完成検査済証を備え付けなければならない。

問4 法令上、移動タンク貯蔵所における危険物の移送について、次のうち誤っているものはどれか。

☐ 1．移送する危険物を取り扱える危険物取扱者が乗車しなければならない。
2．移送のために乗車する危険物取扱者は、必ず免状を携帯しなければならない。
3．アルキルアルミニウムを移送する場合は、危険物保安監督者が乗車しなければならない。
4．完成検査済証を移動タンク貯蔵所に備え付けなければならない。

問5 法令上、危険物取扱者が免状の携帯を義務づけられているものは、次のうちどれか。

☐ 1．地下タンク貯蔵所で定期点検の作業をしているとき。
2．屋外タンク貯蔵所で危険物をタンクに注入しているとき。
3．危険物の移送をする移動タンク貯蔵所に乗車しているとき。
4．給油取扱所で自動車等の燃料タンクに給油しているとき。

問6 法令上、危険物の移送の基準について、次のうち正しいものはどれか。

☐ 1．移動タンク貯蔵所により危険物を移送する場合に、適用される基準である。
2．危険物をコンテナに収納し、鉄道車両で輸送する場合に、適用される基準である。
3．一般車両により危険物を運搬する場合に、適用される基準である。
4．移送取扱所の配管により危険物を移送する場合に、適用される基準である。

問7 移動タンク貯蔵所に備えられている書類について、次のうち、法令に定められていないものはいくつあるか。

- 品名・数量又は指定数量の倍数の変更の届出書
- 譲渡又は引渡届出書
- 定期点検の記録
- 危険物保安統括管理者の選任・解任の届出書
- 危険物保安監督者の選任・解任の届出書
- 完成検査済証
- 予防規程

☐ 1．1つ　2．2つ　3．3つ　4．4つ　5．5つ

A 正解と解説

問1 正解1

1．危険物を運搬する場合、指定数量未満であっても運搬の基準に従わなければならない。「21．運搬の基準」84P参照。

4．丙種の場合、移動タンク貯蔵所による移送に乗車できるのは、その危険物の種類がガソリン・灯油・軽油・重油・潤滑油などに限られる。

問2 正解3

3．危険物を運搬容器に収納してトラックなどで運搬する場合は、運搬容器の収納口を上方に向けて積載する。収納口は、側方に向けてはならない。
「21．運搬の基準」84P参照。

問3 正解2

2．移動タンク貯蔵所でガソリン（危険物）を移送するときは、危険物の量にかかわらず、その危険物を取り扱うことができる危険物取扱者の乗車が必要となる。

問4 正解3

3．アルキルアルミニウムを移送する場合、移動タンク貯蔵所には甲種または乙種第3類の危険物取扱者の乗車が求められる。危険物保安監督者である必要はない。

※法令で定める危険物（アルキルアルミニウム等）を移送する場合は、移送の経路等を記載した書面を関係消防機関に送付するとともに、書面の写しを携帯し、書面に記載された内容に従うこと。アルキルアルミニウムは、アルキル基（$-CH_3$や$-C_2H_5$など）とアルミニウムを含む化合物で、自然発火性及び禁水性が極めて強い。空気や水に触れると発火し、大きな災害となる。

問5 正解3

問6 正解1

3．一般車両（トラックなど）により危険物を運搬する場合に適用される基準は、「運搬に関する技術上の基準」である。

問7 正解3

移動タンク貯蔵所に備え付けるのは、①品名・数量又は指定数量の倍数の変更の届出書、②譲渡又は引渡届出書、③定期点検の記録、④完成検査済証の4つ。

危険物保安統括管理者の選任・解任の届出書、危険物保安監督者の選任・解任の届出書、予防規程は対象外である。

事故発生時の応急措置

◉ 災害発生の防止のための応急措置　流出・拡散の防止　危険物の除去
◉事故発見者は、直ちに通報。

1．応急措置

製造所等の所有者等は、製造所等について、危険物の流出その他の**事故が発生**したときは、直ちに、引き続く**危険物の流出及び拡散の防止**、流出した**危険物の除去**その他災害の発生の防止のための**応急の措置**を講じなければならない。

事故を発見した者は、**直ちに**、その旨を**消防署**、**市町村長等の指定した場所**、**警察署**または**海上警備救難機関**に**通報**しなければならない。

市町村長等は、応急の措置を講じていないと認めるときは、これらの者に対し、同項の**応急の措置を講ずべきことを命ずる**ことができる。

Q 過去問題

問1 顧客に自ら給油等をさせる給油取扱所（セルフスタンド）において、顧客が給油作業中に燃焼の吹きこぼれ事故が発生したとき、法令上、当該給油取扱所の所有者等が講じなければならない措置として、妥当でないものはどれか。

☐ 1．引き続く燃焼の流出及び拡散を防止すること。
2．燃焼の供給を一斉に停止すること。
3．流出した燃料を除去すること。
4．顧客に応急の措置を指示し、作業させること。

問2 法令上、製造所等において危険物の流出その他の事故が発生した場合、その事態を発見した者は消防署等に通報しなければならないが、これについて、次のうち正しいものはどれか。

☐ 1．事故発生の原因をよく調べた後に通報する。
2．直ちにその事態を通報する。
3．大事故に発展するおそれがある場合は直ちに通報し、そのおそれが少ないと思われる場合は後日報告する。
4．大事故に発展するおそれがある場合は直ちに通報し、その他の場合はその日のうちに通報する。

A 正解と解説

問1 正解4

問2 正解2

第2章

燃焼及び消火に関する基礎知識

1 燃焼の化学

これだけ覚える!!

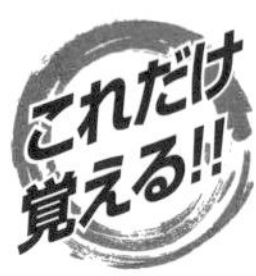

- ◉燃焼とは、光と熱の発生を伴う酸化反応である。
- ◉燃焼の３要素は、可燃物 酸素供給源 点火源。
- ◉燃焼するためには、３要素すべてが同時に存在しなければならない。

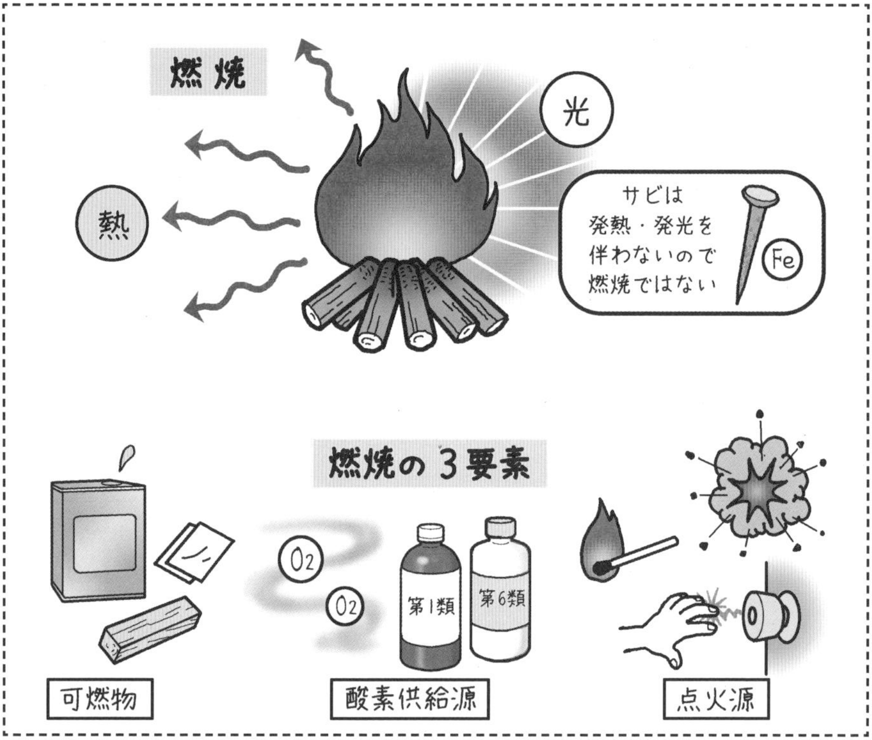
燃焼
光
熱
サビは
発熱・発光を
伴わないので
燃焼ではない
Fe
燃焼の３要素
O2
O2
第1類
第6類
可燃物
酸素供給源
点火源

1．燃焼の定義

物質が酸素と化合することを**酸化**という。そして、酸化の結果、生成された物質を**酸化物**という。例えば、炭素は酸素と化合すると二酸化炭素になる。この場合、炭素は酸化されて酸化物の二酸化炭素に化学変化することになる。

酸化反応のうち、化合が急激に進行して著しく**発熱**し、しかも**発光**を伴うことがある。このように、熱と発光を伴う酸化反応を**燃焼**という。

鉄 Fe は酸化すると錆びるが、燃焼とはいわない。理由は、**著しい発熱と発光を伴わない**ためである。

2．燃焼の三要素

燃焼の三要素とは、燃焼が起こるための次の要素をいう。**三要素すべてが同時に存在**しないと、燃焼は起こらない。

①**可燃物**	②**酸素供給源**（空気、酸素含有物など）	③**点火源**（熱源）

①可燃物は火を付けると燃焼する物質をいい、水素、一酸化炭素、硫黄、木材、紙、石炭、ガソリン、プロパンなどがある。

②酸素供給源とは、**燃焼に必要な酸素を供給するもの**をいい、空気（空気中には酸素が約21%含有）、酸化剤（第１類·第６類の危険物）、酸素含有物（第５類の危険物）などがある。

③点火源（熱源）は、**燃焼を開始するために必要なエネルギーを与えるもの**をいい、火気の他に火花（金属の衝撃火花や**静電気の放電火花**）、**高温体**（赤熱した鉄など）、**摩擦熱**などがある。

燃焼の際に**酸素の供給が不足**すると、**一酸化炭素 CO** が生じるようになる。一酸化炭素は**人体に極めて有毒**である。

二酸化炭素 CO_2 は、それ以上酸化することがないため**可燃物にならない**が、**一酸化炭素**はさらに酸化することができるため**可燃物**になる。

〔一酸化炭素と二酸化炭素の比較〕

性質	一酸化炭素 CO	二酸化炭素 CO_2
常温（20℃）時	無色無臭の気体	無色無臭の気体
空気に対する比重	0.97 ➡ 空気より軽い	1.5 ➡ 空気より重い
空気中での燃焼性	**燃焼する ＝ 可燃物** **（淡青色の炎を発する）**	**燃焼しない**
毒性	**有毒**	**ほぼ無毒**

※一酸化炭素は毒性が非常に強く、少量でも危険である。

※二酸化炭素を水に溶かし込むと「炭酸水」となり炭酸飲料などで使用される。また、「ほぼ無毒」ではあるが、閉鎖された空間で大量に使用すると窒息のおそれがある。

Q 過去問題

問1 燃焼の３要素に関する記述として、次のうち誤っているものはどれか。

☐ 1．可燃物とは、一般に酸素と反応して熱を発生するものをいう。
2．酸素供給源とは、燃焼に必要な酸素を供給するものをいう。
3．点火源とは、燃焼を開始するために必要なエネルギーを与えるものをいう。
4．可燃物、酸素供給源、点火源のうち、２つが同時に存在したときに燃焼が起こる。

問2 次の組合せのうち、燃焼の３要素を満たしていないものはどれか。

☐ 1．酸素………電気火花………空気
2．灯油………空気……………マッチの炎
3．空気………軽油……………赤熱した鉄
4．酸素………ガソリン………静電気火花

問3 燃焼について、次のうち誤っているものはどれか。

☐ 1．一般に、燃焼とは、光と熱の発生を伴う酸化反応である。
2．可燃物、酸素供給源及び点火源を燃焼の３要素といい、燃焼が始まるためには、３つが同時に存在することが必要である。
3．炎や火花は点火源となるが、摩擦熱は点火源とはならない。
4．可燃性液体の燃焼では、液体の蒸気と空気との混合気体が燃焼する。

問4 物質を完全燃焼させたときの化学変化を表したものとして、次のうち誤っているものはどれか。

☐ 1．鉄　＋　酸素　⟶　酸化鉄
2．炭素　＋　酸素　⟶　二酸化炭素
3．メタン　＋　酸素　⟶　一酸化炭素　＋　水
4．水素　＋　酸素　⟶　水

問5 炭素（C）を完全燃焼させたとき、生成する物質として、次のうち正しいものはどれか。

☐ 1．二硫化炭素
2．一酸化炭素
3．一酸化窒素
4．二酸化炭素

問6 物質が燃えるときの必要条件の一つとして、次のうち該当しないものはどれか。

☐ 1．質量の大きい物質であること。
2．酸素があること。
3．着火源があること。
4．可燃性の物質であること。

問7 酸化反応に該当しないものは、次のうちどれか。

☐ 1．鉄がさびる。
2．ガソリンが燃える。
3．水が蒸発する。
4．懐炉（カイロ）が温かくなる。

問8 燃焼による熱を直接利用していないものは、次のうちいくつあるか。

- ガスこんろで調理する。
- ガスストーブで暖をとる。
- 石油ストーブで部屋を暖める。
- エアコンで暖める。
- 炭火で暖をとる。
- 重油ボイラーで風呂をわかす。
- 灯油ストーブで暖をとる。
- 電気こんろで湯をわかす。
- 焚き火で暖める。
- 使い捨てカイロで暖をとる。

☐ 1．3つ　2．4つ　3．5つ　4．6つ　5．7つ

問9 一酸化炭素について、次のうち誤っているものはどれか。

☐ 1．無味無臭な気体で、人体に非常に有害である。
2．有機物が不完全燃焼したときに発生する。
3．青白い炎をあげて燃焼する。
4．二酸化炭素を完全燃焼したときに生成される。

A 正解と解説

問1 **正解4**

4．燃焼が起こるためには、可燃物、酸素供給源、点火源の３つが同時に存在する必要がある。

問2 **正解1**

1．酸素と空気は「酸素供給源」、電気火花は「点火源」であり、「可燃物」となるものが存在しない。

問3 正解3

3．摩擦熱も点火源となる。摩擦熱により可燃物が高温になれば、可燃物は発火する。ベルトコンベアの火災は、この摩擦熱が点火源となっていることが多い。その他、高温表面や過電流による熱なども点火源となる。

問4 正解3

1．$2Fe + O_2 \longrightarrow 2FeO$

2．$C + O_2 \longrightarrow CO_2$

3．$CH_4 + 2O_2 \longrightarrow CO_2 + 2H_2O$

メタンを完全燃焼させると、二酸化炭素と水になる。一酸化炭素は、メタンが不完全燃焼することで発生する。

4．$2H_2 + O_2 \longrightarrow 2H_2O$

問5 正解4

炭素Cを完全燃焼させると、二酸化炭素CO_2が生成する。一酸化炭素COは、炭素が不完全燃焼することで発生する。

問6 正解1

1．燃焼の三要素に、「物質の質量の大きいこと」は含まれていない。

問7 正解3

1．鉄がさびて赤さびになるのは、酸化反応である。

2．ガソリンが空気中で燃えるのは、酸化反応である。

3．水が蒸発して水蒸気になるのは、蒸発である。水と水蒸気は、物質そのものが変化しているわけではないため、酸化という化学反応に該当しない。

4．使い捨て懐炉（カイロ）は、鉄（粉）が酸化する際に発生する熱を利用している。

$4Fe + 3O_2 + 6H_2O \longrightarrow 4Fe(OH)_3$

問8 正解1（3つ）

ガスこんろやガスストーブは、都市ガス（メタンCH_4）やプロパンガス（C_3H_8）の燃焼熱を利用する。重油ボイラーは、重油の燃焼熱を利用する。石油ストーブ（灯油ストーブ）は、灯油の燃焼熱を利用する。炭には木炭や竹炭などがあり、焚き火に使用される木材なども含めて、燃焼時に発する燃焼熱を利用する。

以下は燃焼熱を利用していない。

・電気こんろは、ニクロム線に電気を流すと発熱することを利用している。

・使い捨てカイロは、袋の中の鉄粉が空気中の水分と反応して酸化熱を発する。

・エアコンは、蒸発熱（気化熱）を利用して、室内の空気を暖めたり、冷やしたりしている。

問9 正解4

4．二酸化炭素は、それ以上酸化することがないため燃焼しない。

燃焼の形態

◉気体の燃焼：空気との混合方法により
予混合燃焼 拡散燃焼 がある。

◉液体の燃焼：すべて 蒸発燃焼 。

◉固体の燃焼：表面燃焼 蒸発燃焼 分解燃焼 がある。

◉木炭は表面燃焼で、木材は分解燃焼。

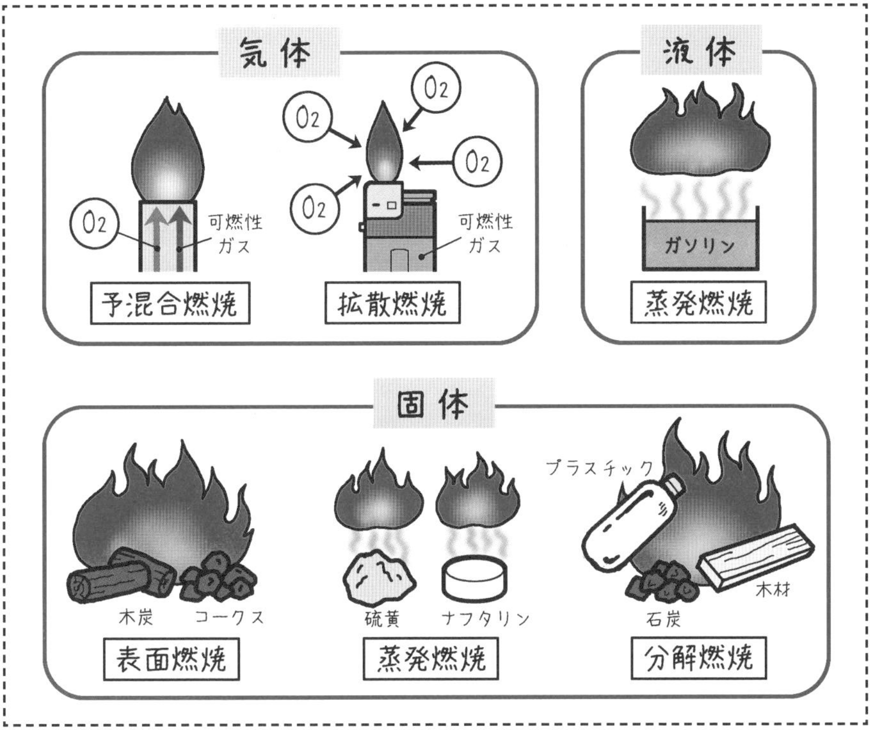

気体

O_2 可燃性ガス
予混合燃焼

O_2 O_2 O_2 O_2 可燃性ガス
拡散燃焼

液体

ガソリン
蒸発燃焼

固体

木炭 コークス
表面燃焼

硫黄 ナフタリン
蒸発燃焼

プラスチック 石炭 木材
分解燃焼

1．気体の燃焼

気体の燃焼には、以下の２つがある。

①**予混合燃焼**（よこんごう）：あらかじめ可燃性ガスと空気とを混合させて燃焼させる。炎が速やかに伝播して燃え尽きる。ただし、部屋などの空間に密閉されていると、温度及び圧力が急上昇して爆発を起こすことがある。

②**拡散燃焼**：燃焼の際に可燃性ガスを拡散させ空気と混合させて燃焼させる。可燃性ガスが連続的に供給され、定常的な炎を出す燃焼となる。

2．液体の燃焼

アルコールやガソリンなどの可燃性液体は、それ自身が燃えるのではなく、液体の蒸発によって生じた**蒸気に着火**して火炎を生じ、燃焼する。これを**蒸発燃焼**という。

3．固体の燃焼

固体の燃焼は、以下の３つに分類できる。

①**表面燃焼**は、可燃性固体が熱分解や蒸発を起こさず、固体のまま空気と接触している**表面が直接燃焼**するものである。**木炭**、**コークス**、**金属粉**などの燃焼が該当する。コークスは、石炭を高温で乾留し、揮発分を除いた灰黒色、金属性光沢のある多孔質の固体である。

②**蒸発燃焼**は、可燃性固体を加熱したときに熱分解を起こさず、蒸発（昇華）した**蒸気が燃焼**するものである。**硫黄**、**ナフタリン**（ナフタレン）、固形アルコールなどの燃焼が該当する。

③**分解燃焼**は、可燃性固体が加熱されて**熱分解**を起こし、**可燃性ガス**を発生させてそれが燃焼するものである。**木材**、**石炭**、**紙**、可燃性の**高分子固体**（プラスチック等）などの燃焼が該当する。

Q 過去問題

問1 可燃物とその燃え方の組合せとして、次のうち正しいものはどれか。

☐ 1．ガソリン…… 蒸発燃焼
2．灯油 …… 表面燃焼
3．軽油 …… 分解燃焼
4．潤滑油 …… 表面燃焼

問2 可燃物とその燃え方の組合せとして、次のうち正しいものはどれか。

☐ 1．ガソリン…… 分解燃焼
2．木材 …… 蒸発燃焼
3．都市ガス…… 表面燃焼
4．灯油 …… 蒸発燃焼

問3 丙種危険物取扱者が取り扱うことができる危険物が燃焼する際の主な燃焼形態は、次のうちどれか。

☑ 1．蒸発燃焼
2．自己燃焼
3．表面燃焼
4．分解燃焼

問4 次に掲げる物質が燃焼した際に、主な燃焼形態が表面燃焼であるものはどれか。

☑ 1．木炭
2．アルコール
3．ナフタレン
4．プロパン

A 正解と解説

問1 正解1

ガソリン、灯油、軽油、潤滑油は、すべて引火性液体で蒸発燃焼する。

問2 正解4

1．ガソリン…蒸発燃焼　2．木材…分解燃焼　4．灯油…蒸発燃焼

3．気体の燃焼については、可燃性のガスそのものではなく、空気との混合方法により燃焼を分類している。従って、1つの可燃性ガスであっても、混合方式により予混合燃焼と拡散燃焼が存在する。

問3 正解1

1．丙種危険物取扱者が取り扱うことができる危険物は、ガソリン、灯油、軽油、重油、潤滑油、動植物油などである。すべて液体であり、蒸発燃焼が該当する。

問4 正解1

2．アルコールは液体であり、蒸発燃焼となる。

3．ナフタレンは防虫剤などの用途があり、蒸発燃焼である。

4．プロパンは気体であり、空気との混合方法により予混合燃焼と拡散燃焼がある。

3 自然発火

◉動植物油類の自然発火は、油類が空気中で酸化され、その酸化熱が蓄熱されることで発生する。

◉乾性油は酸化されやすく、自然発火することがある。

1．自然発火の仕組み

自然発火は、点火源がない状態、または可燃物が加熱されていない状態であっても、物質が常温の空気中で**自然に発熱**し、**その熱が長時間蓄積**されることで**発火点に達し**、燃焼を起こす現象である。

熱が発生する機構として、酸化による発熱、化学的な分解による発熱、発酵による発熱、吸着による発熱などがある。

動植物油類の自然発火は、油類が空気中で酸化され、その**酸化熱が蓄積**されることで発生する。

この油類の酸化は、**乾きやすいもの**ほど起こりやすい。**乾性油**は乾きやすく、**空気中で徐々に酸化して固まる**。

乾性油は、その分子内に不飽和結合（C＝C）を数多くもつ。この炭素間の二重結合に酸素原子が容易に入り込むことで、**酸化が起こり熱が発生**する。

以下の状況は発熱と蓄熱が進みやすくなるため、自然発火に至る場合がある。

①空気中の**湿度が高い**	②周囲の**気温が高い**
③物質が**山積み**となっている	④物質の**表面積**（空気との接触面積）**が広い**
⑤たい積物の中の**温度が高い**	⑥**風通しの悪い場所**で保管されている

Q 過去問題

問1 布などに染み込んだ動植物油の中には状況によって自然発火するものがあるが、その原因となるのは、次のうちどれか。

☐ 1．燃焼範囲が広いから
2．比較的低温で引火するから
3．発火点が極めて低いから
4．空気中の酸素と反応して発生する熱が蓄熱するから

問2 動植物油のうち、乾性油は状態によって自然発火することがある。この理由として、次のうち正しいものはどれか。

☐ 1．蒸発しやすいから
2．空気中の酸素と反応しやすいから
3．表面燃焼するから
4．引火点が低いから

問3 天ぷらの揚げカスが状況によって自然発火することがある。その予防対策として、次のうち正しいものはどれか。

☐ 1．高温多湿の場所に保管する。
2．風通しの良い場所に保管する。
3．できるだけ山積みにする。
4．温度が下がる前に、容器に入れる。

A 正解と解説

問1 正解4

問2 正解2

問3 正解2

4 燃焼の難易

これだけ覚える!!

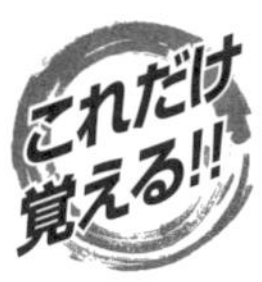

◉空気との接触面積が大きくなるほど、可燃物は燃えやすくなる。

◉熱伝導率は、小さいものほど熱が蓄積されやすいため、火がつきやすい。

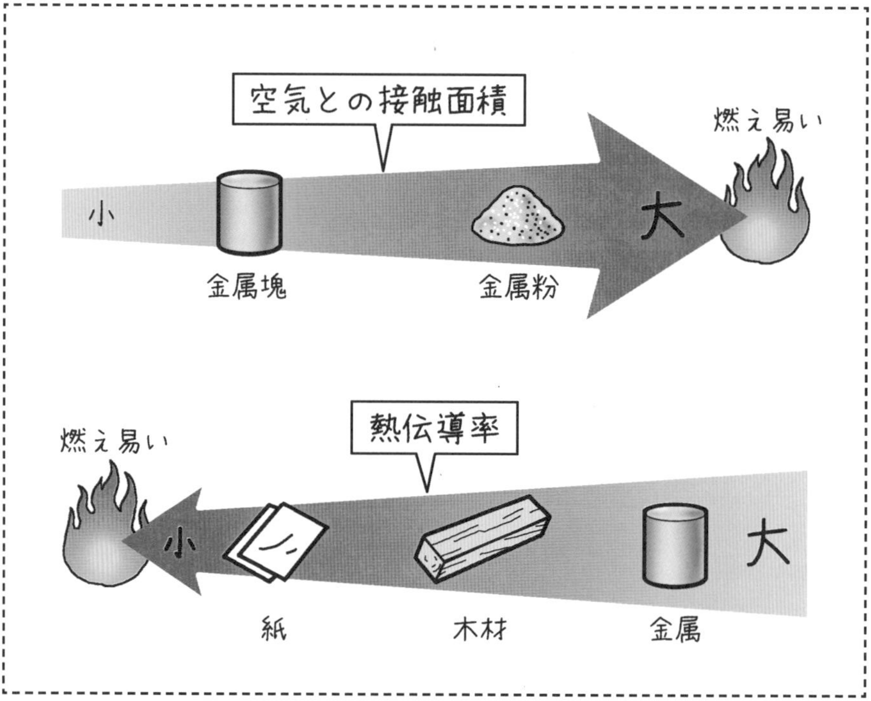

1．燃えやすい要素

①**酸化されやすい**もの（水素や炭素など）。

②空気との**接触面積が大きい**もの（金属粉やスチールウールなど）。

③**発熱量（燃焼熱）が大きい**もの。

> ・燃焼熱は、１モルの物質が完全燃焼するときの反応熱である。燃焼熱が大きいと周囲の温度が高くなり、燃焼が広がりやすくなる。

④**分解や蒸発で可燃性蒸気を発生**しやすいもの（液体のガソリンや固体の硫黄）。

⑤沸点が低いもの。➡ 気化して蒸気を発生しやすい

⑥乾燥しているもの、**含水量が低い**もの。➡ 木材は湿っていると燃えにくい

⑦**熱伝導率が小さい**もの。➡ 保温効果が高く、熱が蓄積されやすい

・熱伝導率は、熱伝導の度合いを示す数値で、金属は熱をよく伝導するため熱伝導率が高い。一般に固体 ⇒ 液体 ⇒ 気体の順に、熱伝導率は小さくなる。
・また、紙と木材の熱伝導率を比べると、紙が約 0.06W/mK で木材の約 0.2W/mK よりはるかに小さい（熱伝導率の数値は概数）。

⑧**周囲の温度が高い**とき。➡ 温度が高いと酸化の反応が速くなる

⑨**酸素濃度**が高くなる。

・空気中には酸素が約 21%含有されており、この酸素濃度が高くなるほど燃焼は激しくなり、火炎温度が高くなる。また、多くの可燃性物質は酸素濃度が 14 ～ 15%以下になると燃焼を継続できなくなる。

Q 過去問題

問1 可燃物の燃焼の難易について、次のうち誤っているものはどれか。

☐ 1．酸化されやすいものほど燃焼しやすい。
2．周囲の温度が低いほど燃焼しやすい。
3．空気との接触面積が大きいほど燃焼しやすい。
4．燃焼熱が大きいものほど燃焼しやすい。

問2 可燃物の燃焼の難易について、次のうち誤っているものはどれか。

☐ 1．空気との接触面積が小さいほど燃焼しやすい。
2．酸化されやすいものほど燃焼しやすい。
3．燃焼熱の大きいものほど燃焼しやすい。
4．周囲の温度が高いほど燃焼しやすい。

問3 燃焼の難易について、次のうち誤っているものはどれか。

☐ 1．空気との接触面積が大きい可燃物ほど燃えにくい。
2．固体は、塊状よりも細かく砕いた方が燃えやすい。
3．可燃性蒸気を多く発生するものほど燃えやすい。
4．乾燥度の高い可燃物ほど燃えやすい。

問4 次のうち最も火がつきやすい組合せはどれか。

	可燃物と空気との接触面積	可燃物の熱伝導率	含有する水分量
1.	大	大	小
2.	大	小	小
3.	小	大	大
4.	小	小	大

問5 次の文の（　）内に当てはまる語句はどれか。

「固体の可燃物は細かく砕くと（　）、かつ、熱が全体に伝わりにくくなるため、火がつきやすくなる。」

1. 融点が低くなり
2. 空気との接触面積が大きくなり
3. 発熱量が小さくなり
4. 密度が大きくなり

A 正解と解説

問1 **正解2**

2. 周囲の温度が高いほど燃焼しやすい。

問2 **正解1**

1. 空気との接触面積が大きいほど燃焼しやすい。

問3 **正解1**

1. 空気との接触面積が大きい可燃物ほど燃えやすい。

問4 **正解2**

可燃物と空気との接触面積は、大きいものほど火がつきやすい。
可燃物の熱伝導率は、小さいものほど火がつきやすい。
含有する水分量は、小さいものほど火がつきやすい。

問5 **正解2**

「固体の可燃物は細かく砕くと（空気との接触面積が大きくなり）、かつ、熱が全体に伝わりにくくなるため、火がつきやすくなる。」

引火点と発火点

◉引火点は、点火されると燃焼を開始する最低の液度。引火性液体を引火点にまで熱すると、点火源があれば燃える。

◉引火点は、燃焼範囲の下限値に相当する濃度の蒸気を発生するときの液体の温度。

◉発火点は、火源がなくても燃焼を開始する最低の温度。引火性液体を発火点にまで熱すると、おのずから燃え始める。

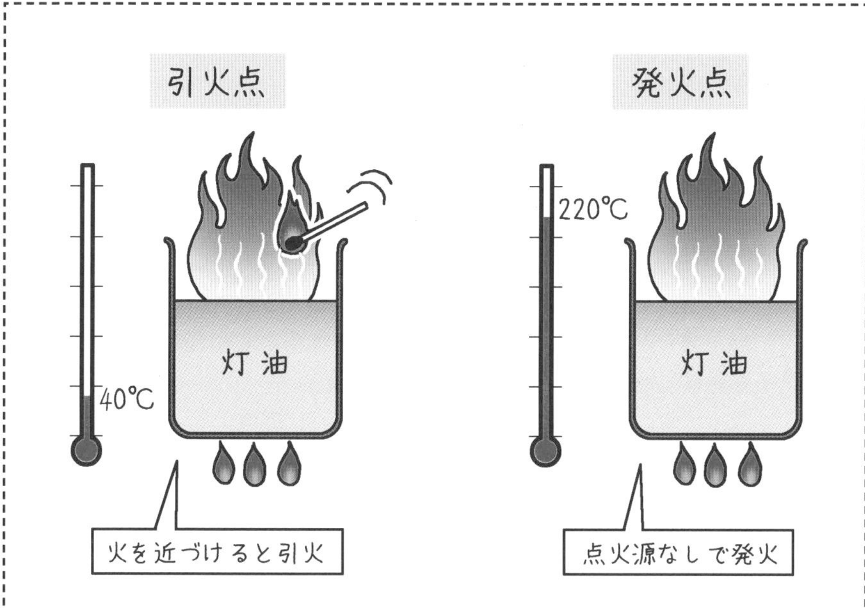

1．引火点

引火点は、次の**2つの定義**がある。

①空気中で点火したとき、可燃性液体が燃え出すのに**必要な濃度の蒸気**を液面上に発生する**最低の液温**。

②可燃性液体が燃焼範囲の**下限値の濃度の蒸気**を発生するときの**液体の温度**。

可燃性液体の温度がその引火点より高い状態では、点火源により引火する危険性がある。

可燃性液体は、液温に相当する**可燃性蒸気を液面から発生**している。

液温が高くなる	➡ 蒸気量は**多く**なる
液温が低くなる	➡ 蒸気量は**少なく**なる

また、その温度に相当する一定の蒸気圧を有するので、液面付近では、蒸気圧に相当する蒸気濃度がある。

2．発火点

発火点とは、可燃性物質を空気中で加熱したとき、他から**火源を与えなくても自ら燃焼を開始する最低温度**をいう。

ガソリンの場合、引火点は－40℃以下で、発火点は約300℃である。また、灯油の場合、引火点は40℃以上で、発火点は約220℃である。

Q 過去問題

問1 引火性液体の燃焼について、次のうち誤っているものはどれか。

☐ 1．液体の表面から発生する蒸気が空気と混合して燃焼する。
2．液温が発火点以上になると、酸素が供給されなくても燃焼を開始する。
3．炎をあげて燃焼する。
4．空気中で液温が引火点を超えると、点火すれば燃焼する。

問2 可燃性液体の燃焼について、次のうち正しいものはどれか。

☐ 1．液体の表面で、液体のまま燃焼する。
2．発生した蒸気が燃焼する。
3．発火点以上になると液体の内部が燃焼する。
4．蒸気濃度が大きいほど燃焼しやすい。

問3 引火性液体の引火点について、次のうち正しいものはどれか。

☐ 1．燃焼範囲の下限界に相当する濃度の可燃性蒸気を、液面上に発生するときの液温をいう。
2．加熱したとき、火源のない状態で火がつく最低の液温をいう。
3．引火点が同じであれば、燃焼範囲の狭いものほど引火の危険性が大きい。
4．引火点は、発火点よりも高い。

問4 引火点と引火の危険性との関係として、次のうち正しいものはどれか。

☐ 1．引火点が低いものは、低い温度でも蒸気を多く出すので、引火の危険性は小さい。
2．引火点が低いものは、低い温度でも燃焼する濃度の蒸気を発生するので、引火の危険性は大きい。
3．引火点が高いものは、引火点が低いものより、一般的に引火の危険性は大きい。
4．引火点が高いものは、低い温度でも蒸気を多く出すので、引火の危険性は大きい。

問5 引火点が20℃の可燃性液体について、次のうち正しいものはどれか。

☐ 1．液温が20℃で自然発火する。
2．20℃の物体と接触すると引火する。
3．液温が20℃に達するまでの間に引火する。
4．液温が20℃以上になると、火源があれば引火する。

問6 引火点及び発火点の説明について、次のうち誤っているものはどれか。

☐ 1．引火点とは、空気中で可燃性液体に口火を近づけたとき、燃えだすのに十分な濃度の蒸気を液面上に発生する最低の液温をいう。
2．発火点とは、可燃性物質を空気中で加熱したときに火源なしに自ら燃焼し始める最低の温度をいう。
3．引火点は物質によって異なる値を示すが、発火点は異なる物質でも同一の値を示す。
4．一般的に発火点の方が引火点より高い数値を示す。

問7 引火点と発火点の説明について、次のA～Cのうち、正しいもののみをすべて掲げているものはどれか。

A．引火点とは、空気中で可燃性の液体に小さな炎を近づけたとき、燃え出すのに十分な濃度の蒸気を液面上に発生する最低の液温をいう。
B．発火点とは、空気中で可燃物を加熱した場合に、火源なしに、自ら発火し燃焼し始める最低の温度をいう。
C．一般に引火点は、発火点より高い温度である。

☐ 1．A　　2．A、B
3．B、C　　4．C

問8 引火性液体の発火点の説明について、次のうち正しいものはどれか。

☐ 1．引火性液体を加熱したとき、火源がなくても燃焼を開始する最低の温度をいう。
2．引火性液体を加熱したとき、蒸気圧が大気圧に等しくなる温度をいう。
3．引火性液体を加熱したとき、酸素がなくても燃焼を開始する最低の温度をいう。
4．引火性液体を加熱したとき、点火されると燃焼を開始する最低の温度をいう。

問9 次の記述の説明として、正しいものはどれか。

「発火点は、250℃である。」

☐ 1．火源がなくても燃焼を開始する最低温度は、250℃である。
2．火源を近づけたら燃焼を開始する最低温度は、250℃である。
3．火源を近づけたら爆発する最低温度は、250℃である。
4．可燃性蒸気が発生する最低温度は、250℃である。

問10 「発火点が300℃である。」の意味を正しく表した記述は、次のうちどれか。

☐ 1．300℃に加熱すると、初めて引火する。
2．300℃に加熱すると、点火源があれば燃える。
3．300℃に加熱すると、おのずから燃え始める。
4．300℃に加熱すると、激しく蒸発する。

問11 次の文の（　）内に当てはまるものとして、正しいものはどれか。

「可燃物を空気中で加熱した場合、他から点火されなくても、おのずから燃焼し始める温度を（　）という。」

☐ 1．引火点
2．分解点
3．発火点
4．沸点

A 正解と解説

問1 正解2

2．酸素が供給されない状態では、液温が発火点以上になっても燃焼は開始しない。

問2 正解2

1．液体は蒸発燃焼であるため、液体の表面から発生する蒸気が空気と混合して燃焼する。

3．発火点以上になると、液体表面の蒸気が燃焼する。

4．蒸気濃度は、燃焼範囲の上限より濃くなると、燃焼しなくなる。

問3 正解1

2．加熱したとき、火源のない状態で火がつく最低の液温は、発火点である。

3．引火点が同じであれば、燃焼範囲の広いものほど引火の危険性が大きい。

4．引火点は、一般に発火点よりも低い。

問4 正解2

1．引火点が低いものは、低い温度でも蒸気を多く出すので、引火の危険性は大きい。

3．引火点が高いものは、引火点が低いものより、一般的に引火の危険性は小さい。

4．引火点が高いものは、高い温度にならないと蒸気を多く出さないので、引火の危険性は小さい。

問5 正解4

問6 正解3

3．引火点と同様に、発火点も物質によって異なる値を示す。

問7 正解2

C．一般に引火点は、発火点より低い温度である。

問8 正解1

2．蒸気圧が大気圧に等しくなる温度は沸点である。

3．酸素がない状態では燃焼を開始しない。

4．引火性液体を加熱したとき、点火されると燃焼を開始する最低の温度は引火点である。

問9 正解1

問10 正解3

問11 正解3

「可燃物を空気中で加熱した場合、他から点火されなくても、おのずから燃焼し始める温度を（発火点）という。」

6 燃焼範囲と蒸気比重

◉燃焼範囲は、燃焼可能な蒸気の濃度範囲である。
◉濃度が燃焼範囲の上限値を超えると、着火源があっても燃焼しない。
◉蒸気比重が1より大きいと、空気より重いため、蒸気は低所に広がる。

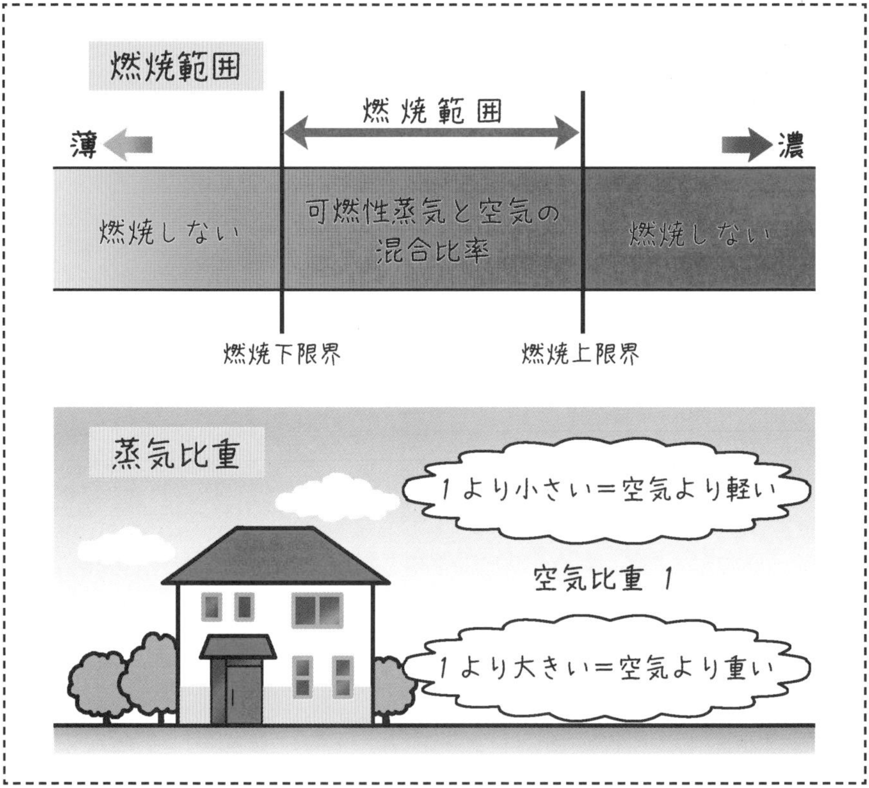

燃焼範囲

薄　燃焼範囲　濃

燃焼しない　可燃性蒸気と空気の混合比率　燃焼しない

燃焼下限界　燃焼上限界

蒸気比重

1より小さい＝空気より軽い

空気比重 1

1より大きい＝空気より重い

1．燃焼範囲

燃焼範囲とは、空気中において**燃焼**することができる**可燃性蒸気の濃度範囲**をいう。可燃性蒸気を空気と混合したとき、その混合気中に占める可燃性蒸気の容量(体積)％で表す。

単位の **vol%**は、**容量(体積)百分率**を表している。vol は volume (容量、書物の巻、音量などの意味) の略である。

燃焼限界とは燃焼範囲の**限界濃度**のことをいう。また、濃い方を**上限界（上限値）**、薄い方を**下限界（下限値）**という。燃焼範囲が広く、また下限界の低いものほど引火しやすく危険である。

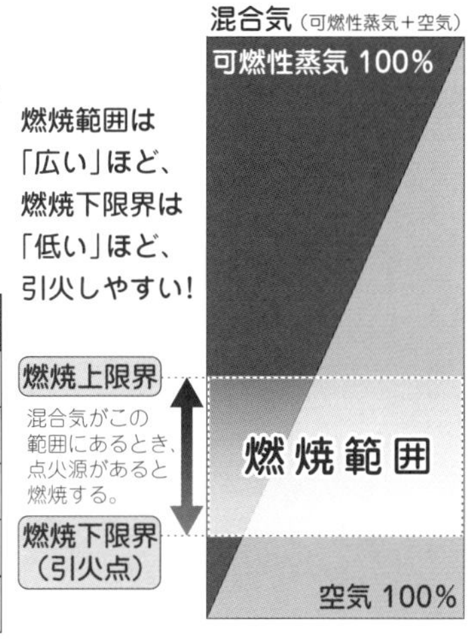

2．燃焼範囲の例

気体(蒸気)	vol %	引火点
ガソリン	1.4 ～ 7.6	－40℃以下
灯油	1.1 ～ 6.0	40℃
二硫化炭素	1.3 ～ 50	－30℃
ジエチルエーテル	1.9 ～ 36.0	－45℃
水素	4.0 ～ 75	

3．比　重

固体または液体の比重は、**水を基準**としたとき、その**「物質の密度」と「水の密度」との比**をいう。水の密度はおよそ 1 g/cm^3 である。

比重が 1 よりも大きい物質は水に入れると沈み、1 よりも小さい物質は水に入れると浮かぶ。比重 1.3 のグリセリン（第 3 石油類）は水に沈み、比重約 0.7 のガソリンは水に浮かぶ（グリセリンは水溶性であるため、次第に溶解する）。

4．蒸気比重

比重が水を基準としているのに対し、蒸気比重は**空気を基準**としたとき、その**「物質の気体の密度（または蒸気の密度）」と「空気の密度」との比**をいう。ただし、空気は 1 気圧・0℃を標準としている。

蒸気比重が 1 よりも大きい蒸気（気体）は空気中に放出すると低所に移動し、1 よりも小さい蒸気（気体）は高所に移動する。蒸気比重 3 ～ 4 のガソリン蒸気や蒸気比重 4.5 の灯油蒸気は、低所に滞留するため相応の配慮が必要となる。

〔比重と蒸気比重のまとめ〕

比重	物質	基準	基準との比較	
比重	固体・液体	水	1（水）より**大きい**	➡ 水に**沈む**
			1（水）より**小さい**	➡ 水に**浮く**
蒸気比重	気体・蒸気	空気	1（空気）より**大きい**	➡ 空気中では**低所**に集まる
			1（空気）より**小さい**	➡ 空気中では**高所**に集まる

Q 過去問題

問1 可燃性蒸気の燃焼範囲の説明として、次のうち正しいものはどれか。

☐ 1．燃焼するのに必要な空気中の酸素の濃度範囲のことである。
2．燃焼によって被害を受ける範囲のことである。
3．燃焼するのに必要な熱源の温度範囲のことである。
4．空気中において燃焼可能な可燃性蒸気の濃度範囲のことである。

問2 引火性液体から発生する蒸気の燃焼範囲の説明について、次のうち正しいものはどれか。

☐ 1．燃焼範囲は、異なる種類の危険物でも同じである。
2．燃焼範囲内の場合は、着火源があれば燃焼する。
3．燃焼下限界より濃度が高い場合は、着火源があっても燃焼することはない。
4．燃焼上限界より濃度が高い場合は、着火源がなくてもおのずから燃焼する。

問3 次の性質をもつ危険物（引火性液体）の1気圧（1.013×10^5Paにおける性状の記述として、誤っているものはどれか。

▪燃焼範囲：4.0～19.9vol％	▪引火点：41℃
▪蒸気比重：2.1	▪発火点：463℃

☐ 1．この液体を463℃以上に加熱すると、点火源がなくても発火する。
2．この液体の蒸気を空気と混合して、濃度を10vol％とした気体は、点火源があると着火する。
3．この液体の温度が45℃の場合、点火源があると引火する。
4．この液体の蒸気は、酸素の2.1倍の重さである。

問4 次の性状を有する引火性液体の説明について、誤っているものはどれか。

▪液体の比重：1.3	▪引火点：199℃
▪蒸気比重　：3.1	▪発火点：370℃

☐ 1．液温が360℃のときは、着火源があっても燃焼は起こらない。
2．液温が370℃になると着火源がなくても燃え出す。
3．この液体は、水より重い。
4．発生する蒸気は、空気より重い。

問5 燃焼範囲の説明として、次のうち正しいものはどれか。

☐ 1．燃焼範囲の狭いものや燃焼下限界の大きいものは、燃焼の危険性が大きい。
2．燃焼するのに必要な酸素量の範囲のことである。
3．空気中において燃焼することができる可燃性蒸気の濃度範囲のことである。
4．燃焼によって発生するガスの濃度範囲のことである。

A 正解と解説

問1 正解4

問2 正解2

1．燃焼範囲は、危険物の種類により個々に異なる。
3．濃度が燃焼下限界より高く、燃焼上限界より低い場合は、着火源があれば燃焼する。
4．燃焼上限界より濃度が高い場合は、着火源があっても燃焼することはない。

問3 正解4

2．蒸気の濃度が燃焼範囲内にあると、点火源があれば着火する。
3．この液体の引火点は41℃であるため、液温が45℃の状態の場合、点火源があれば引火する。
4．この液体の蒸気は、「空気」の2.1倍の重さである。

問4 正解1

1．引火点が199℃であるため、液温が360℃の状態では、着火源があれば燃焼が起こる。

問5 正解3

1．可燃性蒸気が一定の濃度範囲にないと燃焼しないため、燃焼範囲の狭いものは、危険性が低い。また、燃焼範囲の下限値が大きいものは引火点が高く、危険性が低い。

7 熱の移動

これだけ覚える!!

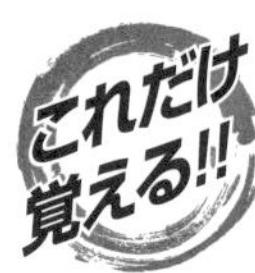

◉熱の移動は３種類ある。

- お湯を入れた湯飲みが熱いのは……… 伝導
- お風呂が表面から熱くなるのは……… 対流
- たき火が暖かいのは…………………… 放射

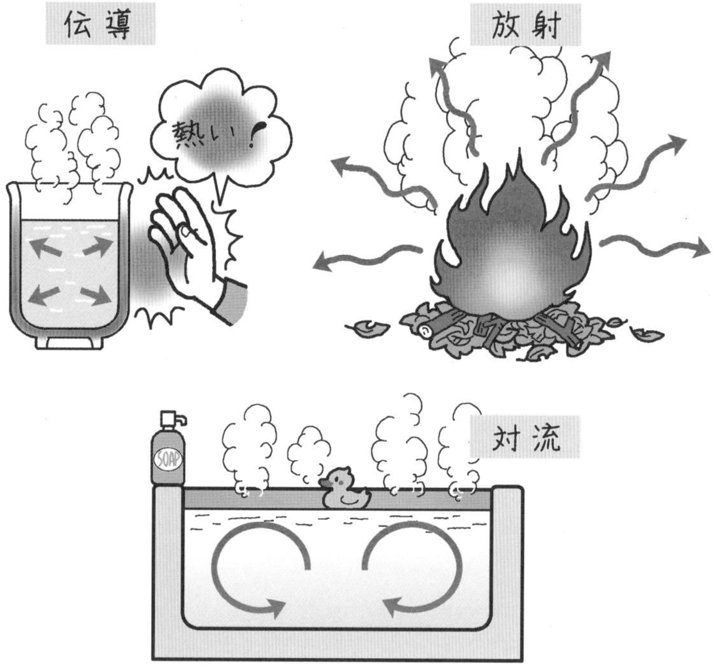

1．伝導・対流・放射

熱の移動の方法には、①伝導、②対流、③放射の３つがある。

①**伝導**は、熱が物体の高温部から低温部へ物体中を伝わって移動する現象である。**熱伝導率**はこの熱の伝わりやすさを表す数値で、数値が大きいものほど熱を伝えやすい。

②**対流**は、熱が液体または気体を介して移動する現象をいう（➡ 固体の場合は対流が起こらない）。対流の例として、ストーブによる暖房では天井近くが暖かい、水を沸かすと表面から温かくなる、などが挙げられる。

③**放射**は、熱せられた物体が熱（放射熱）を放射する現象をいう。たき火の周囲や太陽の光にあたると暖かいのは、この放射熱によるものである。

Q 過去問題

問1 熱の移動方法のうち、放射によるものは、次のうちどれか。

☐ 1．風呂の水を沸かすと、表面から熱くなってくる。
2．湯飲み茶碗に熱いお茶を入れると、外側も熱くなる。
3．火災現場に火事場風が起こることがある。
4．たき火のそばにいると暖かい。

A 正解と解説

問1 **正解4**

1．対流　2．伝導　3．対流　4．放射

新問!!　圧力に関する問題

新問 次の記述は、ある法則又は原理を表したものである。この法則の原理又は法則の名称として、正しいものは次のうちどれか。

「密閉した容器内で静止している流体の一部に圧力を加えると、その圧力は同じ強さで流体のどの部分にも伝わる」

☐ 1．ボイルの法則　2．シャルルの法則
3．パスカルの原理　4．クーロンの法則

解説 **正解3**

1．ボイルの法則：温度が一定のとき、一定物質量の気体の体積Vは、圧力Pに反比例する。
2．シャルルの法則：圧力が一定のとき、一定物質量の気体の体積Vは、絶対温度Tに比例する。
4．クーロンの法則：電荷間に働く力（反発または引き合う力）は電荷の積に比例し、電荷間の距離の２乗に反比例する。

8 化学の基礎

◉炭化水素の完全燃焼では、二酸化炭素 CO_2 と水 H_2O が生成される。

◉化学反応式は、左辺と右辺の原子数が同じになるように係数を付ける。わからないときは仮の係数を付けて、合っているか計算する。

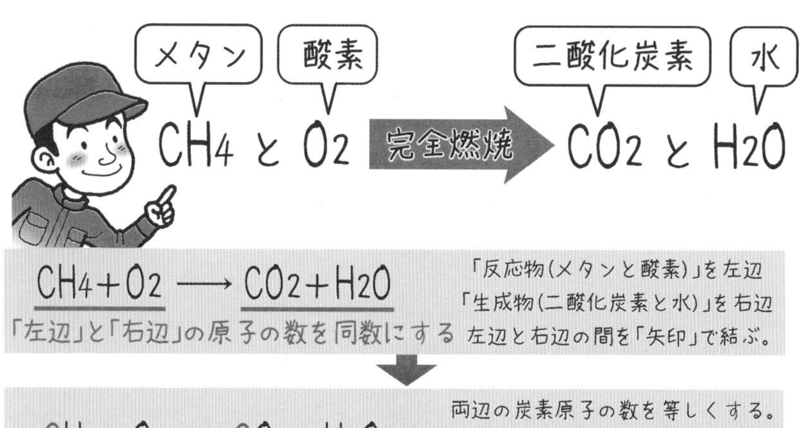

$CH_4 + O_2 \longrightarrow CO_2 + H_2O$

「左辺」と「右辺」の原子の数を同数にする

「反応物(メタンと酸素)」を左辺
「生成物(二酸化炭素と水)」を右辺
左辺と右辺の間を「矢印」で結ぶ。

↓

$CH_4 + O_2 \longrightarrow CO_2 + H_2O$

両辺の炭素原子の数を等しくする。
左辺のC、右辺のCは共に1つ。
つり合っているのでそのまま。

↓

$CH_4 + O_2 \longrightarrow CO_2 + \boxed{2} H_2O$

両辺の水素原子の数を等しくする。
左辺のHは4つ、右辺のHは2つ。
なので、右辺に 係数2 を入れる。

↓

$CH_4 + \boxed{2} O_2 \longrightarrow CO_2 + \boxed{2} H_2O$

両辺の酸素原子の数を等しくする。
左辺のOは2つ、右辺のOは4つ。
なので、左辺に 係数2 を入れる。

↓

$CH_4 + 2O_2 \longrightarrow CO_2 + 2H_2O$

「左辺」と「右辺」の原子の数は等しい

炭素Cの数は、左辺1:右辺1
水素Hの数は、左辺4:右辺4
酸素Oの数は、左辺4:右辺4

1.「モル」という単位

1モルとは、**炭素原子 12g に含まれる原子の数（6.02×10^{23}）を基準**とし、これと同じ数の原子や分子の集まりをいう。すなわち、1ダースなどと同じ個数の単位のひとつである。モルを単位として表した粒子の量を物質量という。

また、**6.02×10^{23}** という数を**アボガドロ定数**という。

1モル、すなわち 6.02×10^{23} 個当たりの原子や分子の質量を求めるには、単純にその**原子量や分子量に g を付けるだけ**でよい。

- 窒素（N_2）1モルの質量 ➡ 14 × 2 = 28 ⇒ **28g**
- 二酸化炭素（CO_2）1モルの質量 ➡ 12 + 16 × 2 = 44 ⇒ **44g**

2．化学式と化学反応式

化学式は、元素記号を組み合せて物質の構造を表示する式である。いくつかの表示方式がある。

示性式は、構造式を簡単にして官能基を明示した化学式である。分子式では構造に2つ以上の可能性が生じてしまう場合があるが、それを避けることができる。例えばエタノールの分子式は C_2H_6O であるが、示性式では C_2H_5OH と表現する。

化学反応式は、化学式を用いて化学変化の内容を表した式である。**反応物質**の化学式を**左辺**に、**生成物質**の化学式を**右辺**に書き、**矢印**（ ⟶ ）で結ぶ。

化学反応式では、左辺と右辺でそれぞれの原子数が等しくなるように化学式の前に係数を付ける。ただし、係数は最も簡単な整数比になるようにし、1は省略する。

例：水素 ＋ 酸素 ⟶ 水		
$2H_2 + O_2$	⟶	$2H_2O$
（左辺）反応物質		（右辺）生成物質

〔色々な化学式〕

名 称	分子式	示性式	構造式	電子式
エタノール	C_2H_6O	C_2H_5OH	H–C(H)(H)–C(H)(H)–O–H	H:C(H)(H):C(H)(H):Ö:H
ジメチルエーテル	C_2H_6O	CH_3OCH_3	H–C(H)(H)–O–C(H)(H)–H	H:C(H)(H):Ö:C(H)(H):H

Q 過去問題

問1 同じ物質量のメタン（CH_4）とプロパン（C_3H_8）の完全燃焼を比較した場合、次のうち正しいものはどれか。

1．必要な酸素の物質量は、同じである。
2．発生する熱量は、同じである。
3．発生する二酸化炭素の物質量は、メタンの方が多い。
4．発生する水の物質量は、プロパンの方が多い。

A 正解と解説

問1 正解4

それぞれ完全燃焼した場合の化学反応式

$CH_4 + 2O_2 \longrightarrow CO_2 + 2H_2O$

$C_3H_8 + 5O_2 \longrightarrow 3CO_2 + 4H_2O$

1．メタン１モルに対し、必要な酸素の物質量は２モルである。
　プロパン１モルに対し、必要な酸素の物質量は５モルである。従って、必要な酸素の物質量は異なる。
2．発生する熱量は異なる。それぞれの熱量は暗記する必要がないため、省略。
3．メタン１モルに対し、発生する二酸化炭素の物質量は１モルである。
　プロパン１モルに対し、発生する二酸化炭素の物質量は３モルである。従って、プロパンの方が多い。
4．メタン１モルに対し、発生する水の物質量は２モルである。
　プロパン１モルに対し、発生する水の物質量は４モルである。従って、プロパンの方が多い。

静電気 

◉静電気は不導体に発生しやすいが、絶縁されている導体にも発生する。

◉合成繊維は、天然繊維に比べ静電気が発生しやすい。

◉クーロン力は、物体の電気量が大きいほど、また、物体間の距離が短いほど大きくなる。

◉静電気を発生を抑えるには、流速を遅くする こすり合わせない などの方法がある。

◉静電気を放電させるには、湿気を多くする 帯電防止の服や靴の着用 接地（アース） ボンディング などの方法がある。

静電気を発生するもの

合成繊維

人体

プラスチックなど

ガソリン、灯油、軽油など

静電気の発生を抑える

流速を遅くする

こすり合わせない

静電気を放電させる

湿気を多くする

帯電防止服や靴の着用

アースまたはボンディング

1．静電気の発生

静電気とは、静止して動かない状態にある電気をいう。また、**物体の電気的な極性**がプラス、またはマイナスに**片寄った状態**のことを**帯電**という。

２つの物質が接触して離れる際、お互いの間で電子の移動が起こる。電子(－)を受け取った側はマイナス(負)に帯電し、電子(－)を放出した側はプラス(正)に帯電することで、静電気が発生する。

物体間で電子(電荷)のやりとりをしても、その前後の電気量（電荷の量）の総和は変化しない。これを**電気量保存の法則**、あるいは**電荷保存の法則**という。

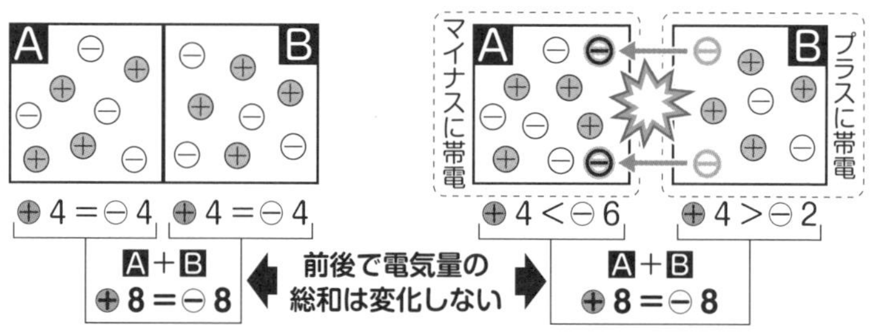

電子（電荷）には正と負があり、それぞれ正電荷、負電荷という。**同じ極性同士の電荷は反発し合い**（斥力)、**異なる極性同士の電荷は引きつけ合う**（引力)。このような力を**静電気力**、または**クーロン力**という。

物体や原子などがもつ電気を**電荷**といい、その量を**電気量**という。電気量の単位はクーロン(C)が用いられる。

静電気は、**絶縁抵抗が大きい物質**ほど発生しやすい。

帯電列とは、２種類の材質を摩擦したり接触分離したとき、プラス側に帯電しやすい材質を上位に、マイナス側に帯電しやすいものを下位に並べた序列の表である。摩擦する材質の序列が**帯電列上で離れているほど静電気は大きく、近いほど小さく**なる。

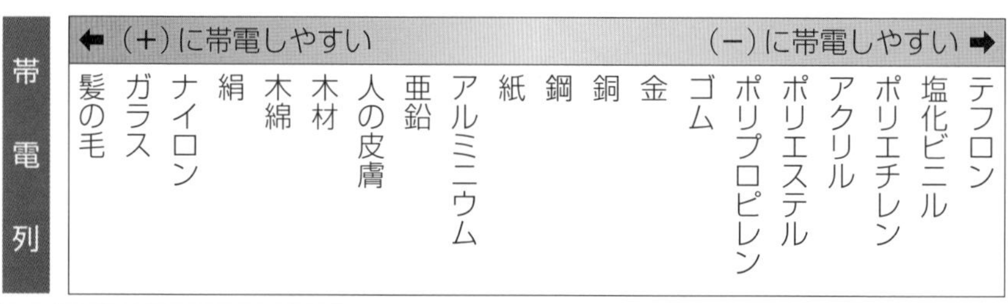

帯電列	← (＋)に帯電しやすい																		(－)に帯電しやすい →
	髪の毛	ガラス	ナイロン	絹	木綿	木材	人の皮膚	亜鉛	アルミニウム	紙	鋼	銅	金	ゴム	ポリプロピレン	ポリエステル	アクリル	ポリエチレン	塩化ビニル	テフロン

・ガラス棒とナイロンを摩擦 ➡ ガラス棒は(＋)、ナイロンは(－)に帯電。
・アクリル棒とナイロンを摩擦 ➡ ナイロンは(＋)、アクリル棒は(－)に帯電。

- 「ガラス棒×ナイロン」と「ガラス棒×木綿」を摩擦したときを比較すると、序列により開きのある「ガラス棒×木綿」の方が静電気はより多く発生する。

一般に、ナイロンやポリエチレン等の**合成繊維**は、木綿等の天然繊維と比べ**静電気が発生しやすい**。

2．帯電方法

静電気は、2つの絶縁物を擦り合わせると、それぞれの絶縁物が帯電することで発生する。摩擦も含め帯電方法をまとめると、次のとおりとなる。

① 摩擦帯電	2つの物質を擦り合わせて離すときに発生
② 接触帯電	2つの物質を接触させて離すときに発生
③ 流動帯電	管内や容器内を液体が流動するときに発生
④ 破砕帯電	固体を砕くときに発生
⑤ 噴出帯電	液体がノズルから高速で噴出するときに発生
⑥ 剥離帯電	密着している物を剥がすとき発生
⑦ 混合・かくはん帯電	液体または粉体を混合・かくはんしたとき発生
⑧ その他の帯電	滴下帯電、衝突帯電、飛沫帯電など

3．静電気力（クーロンの法則）

2つの帯電体が及ぼしあう静電気力の大きさは、帯電体の**電気量の大きさ**と、帯電体の間の**距離**によって変化する。

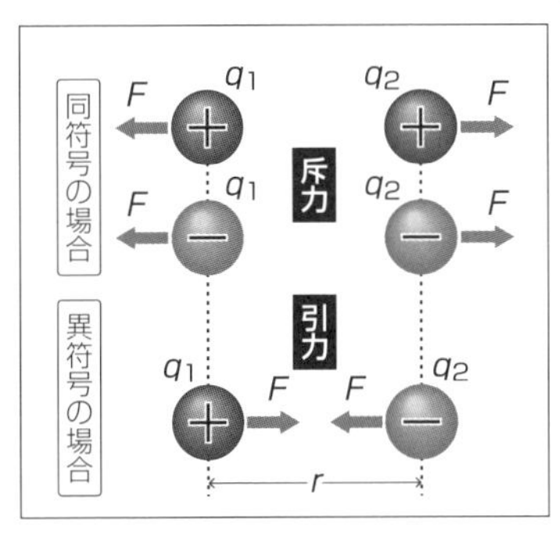

- 帯電体の間の距離に比べて帯電体の大きさが無視できるほど小さいとき（このような帯電体を「点電荷」という）、**静電気力**（F）**は2つの点電荷の電気量**（q_1）、（q_2）**の積に比例し、距離**（r）**の2乗に反比例する。**これを**クーロンの法則**という。

➡ 2つの電荷がもつ**電気量が大きく**、距離が**近いほど静電気力は大きく**なる。

4．静電気の対策

静電気が発生し、それが放電されずに帯電量が増え続けると、静電気のエネルギーは増加する。この状態で何らかの原因により、静電気が空気中に火花を伴って放電すると、それが火災や爆発の点火源となる。

静電気によるこうした災害を防ぐには、「**静電気の発生を抑える**（A）」とともに、「**帯電した静電気を意図的に放電させる**（B）」必要がある。これら2つの対策を、静電気の特性からまとめると次のとおりとなる。

〔A：静電気の発生を抑える〕

①絶縁物の**摩擦や接触を少なく**する。 ②絶縁性液体の**流動を抑え**たり、ノズルから放出する際の**速度を遅く**する。また、流速を変える場合は、**徐々に変化**させる。 ③**接触面積や接触圧力を小さく**する。また、**接触回数を減らす**。 ④接触状態のものを分離するとき、**分離速度を小さく**する（急激に剥がさない等）。 ⑤プラスチックやゴムなどの絶縁性素材の加工時に、**帯電防止剤を添加**する。

〔B：静電気を意図的に放電させる〕

①静電気が蓄積されやすいものは、あらかじめ**アース（接地）**しておく。具体的には、給油ホース類には内側に導線を巻き込んだものを使用する。また、**導電性の靴や服を使用**する。 ②静電気が蓄積されている可能性のあるものは、**アース（接地）**して**放電**させる。具体的には、給油作業前に人体や衣服に帯電した静電気を放電させる。 ③床面に水をまくなどして、**湿度を高める**。帯電した静電気は、水蒸気を通して放電する。 ④絶縁抵抗の大きい引火性液体のうち、**非水溶性のガソリン**などは電気抵抗率が水溶性のアルコール類より高いため、取扱いに注意する。 ⑤タンク内への油の注入、循環、かくはん等の作業後には、**静置時間をおいて**放電させる。**作業直後は、サンプリング作業や検尺作業を避ける。**

5．ボンディング

ボンディングとは、構成物の帯電を防止するため、**電位差**をなくすように個々のものを金属線等の電気抵抗の小さい導体などに**直接接触によって繋ぐこと**をいう。

ボンディングは接地（アース）と併用することにより、放電効果をより高めることができる。ボンディング（bonding）は、結合、接着、接合などの意。

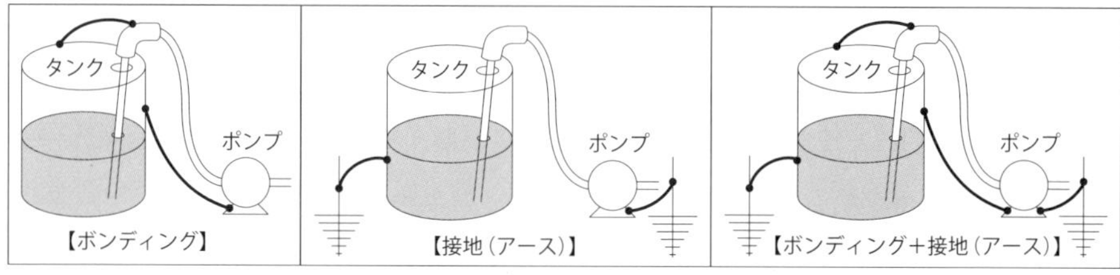

Q 過去問題

問1 静電気について、次のうち正しいものはどれか。

□ 1．可燃性蒸気の中で放電すると着火源となり、爆発の原因となることがある。
2．帯電した物体の間に働く力は、帯電している物体の電気量が小さいほど、また、物体間の距離が大きいほど大きな力が働く。
3．異なる物体どうしを摩擦したとき、一方が正に帯電すれば他方も正に帯電する。
4．同種の電荷の間には引き合う向きに、異種の電荷の間には反発する向きに力が働く。

問2 静電気に関する記述として、次のうち正しいものはどれか。

□ 1．ナイロン、アクリル、ポリエステルなどの合成繊維の衣類は、天然繊維のものに比べて静電気が発生しにくい。
2．周囲の湿度が高いほど、帯電しにくい。
3．２つの物体をこすり合わせる速度が小さいほど、静電気が発生しやすい。
4．導体を接地（アース）しても、帯電防止の効果はほとんどない。

問3 静電気に関する説明として、次のうち誤っているものはどれか。

□ 1．ガソリン、軽油などは、運搬や給油時などに、静電気が発生しやすい。
2．静電気は、人体にも帯電する。
3．静電気は、機器等が接地されていると帯電しやすい。
4．静電気の帯電を防止するため、湿度を高くする方法がある。

問4 静電気について、次のうち誤っているものはどれか。

□ 1．プラスチックの棒を紙に擦りつけると、静電気を帯びる。
2．乾燥した季節に、ドアノブに手を近づけるとバチッと火花が飛ぶ現象を放電という。
3．帯電している物体に流れる電気を静電気という。
4．落雷は、雲に帯電した静電気が放電する現象である。

問5 静電気に関する一般的事項として、次のうち誤っているものはどれか。

☐ 1．帯電した物体に分布している流れのない電気を静電気という。
2．紙やゴムのように電気を通しにくい物質を不導体という。
3．種類の違う物質どうしをこすり合わせると、両方の物質に電子が増えて静電気が発生する。
4．電子が過剰となった物体は負に帯電する。

問6 静電気の発生を防止するための措置として、次のうち誤っているものはどれか。

☐ 1．静電気の蓄積を防ぐためには、空気中の湿度を高くする。
2．移動貯蔵タンクから地下貯蔵タンクに注入する場合は、移動貯蔵タンクを接地する。
3．詰替え作業中に静電気が発生した場合は、鉄棒などを接触させて放電させる。
4．詰替え作業は、注入速度が速いほど静電気の発生量が大きくなるので、できるだけゆっくり注入する。

問7 静電気の帯電防止対策として、次のうち正しいものはどれか。

☐ 1．絶縁性の床上で、絶縁靴を着用する。
2．空調装置により湿度を低く保つ。
3．配管を流れるガソリンの流速を大きくする。
4．ゴムやプラスチックなどの絶縁性材料に帯電防止剤を添加する。

問8 引火性液体を別の容器に移し替えるときに、静電気の発生や帯電を防止する方法として、次のうち誤っているものはどれか。

☐ 1．作業者は帯電防止服や帯電防止靴を着用する。
2．取り扱う場所をできるだけ乾燥させる。
3．移し替える作業をできるだけゆっくり行う。
4．金属製容器は接地する。

問9 次の文の（　）内のA、Bに当てはまる語句の組合せとして、正しいものはどれか。

「ボンディングとは、(A) である物体どうしを電気的に接続することであり、直接の接地が容易でない物体を接地した物体とボンディングすることによって接地する方法である。結果、物体間の（B）がなくなり、この物体間で起こる放電を防止することができる。」

	A	B
1.	導体	温度差
2.	導体	電位差
3.	不導体	温度差
4.	不導体	電位差

A 正解と解説

問1 正解1

2. 帯電した物体の間に働く力は、帯電している物体の電気量が大きいほど、また、物体間の距離が小さいほど、大きな力が働く。
3. 異なる物体どうしを摩擦したとき、一方が正に帯電すれば他方は負に帯電する。
4. 同種の電荷の間には反発する向きに、異種の電荷の間には引き合う向きに力が働く。

問2 正解2

1. ナイロン、アクリル、ポリエステルなどの合成繊維の衣類は、天然繊維のものに比べて静電気が発生しやすい。
2. 周囲の湿度が高くなると、帯電した静電気は放電しやすくなる。このため、周囲の湿度が高い状態では、帯電しにくい。
3. ２つの物体をこすり合わせる速度が大きいほど、静電気が発生しやすい。
4. 導体を接地(アース)すると、静電気が地中に流れるため、帯電防止の効果がある。

問3 正解3

1. ガソリンや灯油、軽油などは電気抵抗が大きく、流動したときやかくはんしたときに静電気が発生しやすい。
3. 静電気は、機器等が接地されていると、放電しやすい。

問4 正解3

3．物体が電気を帯びることを帯電といい、帯電した物体に分布している、流れのない電気を静電気という。

問5 正解3

3．種類の違う物質どうしをこすり合わせると、物質間で電子（－）の移動が起こる。電子（－）を受け取った側の物質はマイナスに帯電し、電子（－）を放出した側の物質はプラスに帯電する。

4．電子（－）が過剰になると、負（マイナス）に帯電する。

問6 正解3

3．詰替え作業の前に静電気対策（周囲の湿度を高める、導電性の服や靴を着用する、接地（アース）する等）を行う。静電気の発生が抑えられ、また、発生した静電気が逃げやすくなり帯電防止となる。

問7 正解4

1．絶縁性の床上では、導電性の靴や服を着用する。

2．室内の湿度は高く保つようにする。

3．ガソリンなどの不導体の液体を配管に流す場合、流速をできるだけ小さく（遅く）する。

問8 正解2

1．帯電防止服は、導電性繊維などを使用したものである。また、帯電防止靴は、静電気拡散性靴と静電気導電性靴があり、抵抗値によって区分されている。

2．取り扱う場所は、できるだけ湿気を高くする。

問9 正解2

「ボンディングとは、（導体）である物体どうしを電気的に接続することであり、直接の接地が容易でない物体を接地した物体とボンディングすることによって接地する方法である。結果、物体間の（電位差）がなくなり、この物体間で起こる放電を防止することができる。」

10 消火の化学

これだけ覚える!!

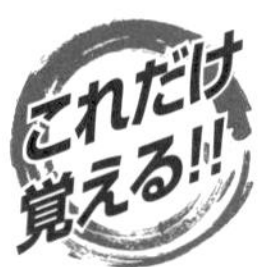

◉除去消火 ➡ 可燃物を除く

…［ロウソクの炎を息で吹き消す］［ガスこんろの栓を閉じる］

◉窒息消火 ➡ 酸素供給源を断つ

…［アルコールランプにふたをして消す］［炎に砂をかける］［炎に泡消火剤をかける］［炎に二酸化炭素消火剤をかける］

◉冷却消火 ➡ 熱源から熱を奪い、燃焼物の温度を下げる

…［木材の火災に水・強化液をかける］

◉負触媒（抑制）効果 ➡ 燃焼物と酸素と熱の連鎖反応（燃焼）を断つ

…［ハロゲン化物消火剤］［粉末消火剤］

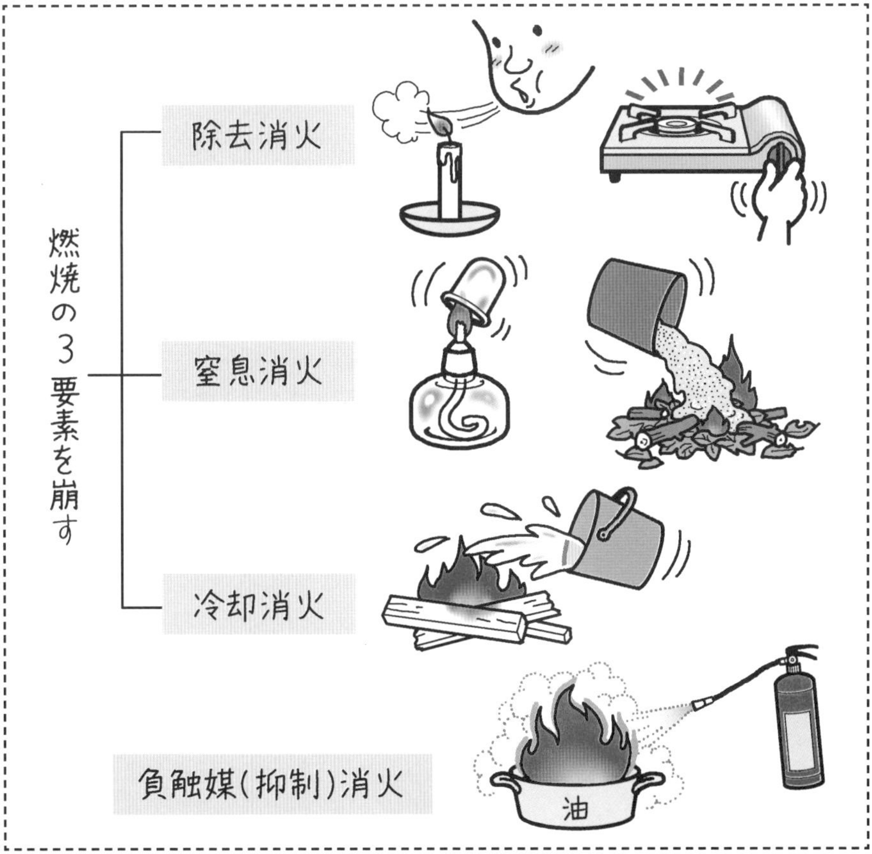

燃焼の3要素を崩す
除去消火
窒息消火
冷却消火
負触媒（抑制）消火
油

1．消火の三要素と四要素

物質が燃焼するのに必要な三要素は以下の３つで、**三要素のうちのどれか一要素を除去**すると、**消火**することができる。

①可燃物	②酸素供給源	③熱源（点火源）

燃焼の三要素に対し、**消火の三要素**は以下の３つである。

①除去効果による消火（**除去消火法**）	②窒息効果による消火（**窒息消火法**）
③冷却効果による消火（**冷却消火法**）	

消火ではこの他、燃焼を化学的に抑制することで消火する方法がある。

燃焼を抑制することから負触媒効果ともいわれ、燃焼という**連続した酸化反応を遅らせる**ことで消火する。具体的には、ハロゲン化物消火剤や粉末消火剤が挙げられる。この④**抑制（負触媒）効果**による消火も含めて、**消火の四要素**と呼ぶ。

※「触媒」とは、化学反応において、反応速度を変化させて、自らは化学変化をしない物質をいい、中でも化学反応の速度を遅くするものを「負触媒」という。

2．除去効果による消火（除去消火）

可燃物をさまざまな方法で**除去**することによって消火する方法である。

具体的には、ロウソクの炎を息で吹き消す方法が該当する。息を吹くことで可燃性蒸気を飛ばしている。また、燃焼しているガスコンロの栓を閉めると、ガスの供給が絶たれるため、ガスの火は消える。これも除去効果によるものである。

3．窒息効果による消火（窒息消火）

酸素の供給を遮断することによって消火する方法である。

具体的には、燃焼物を不燃性の泡や不燃性ガス（ハロゲン化物の蒸気や二酸化炭素）などで覆い、空気と遮断することによって消火する。また、アルコールランプの炎にふたをして消したり、たき火に砂をかけて消す方法も、窒息効果による消火である。

空気中の酸素濃度は21％であるが、一般に石油類は濃度が14～15vol％以下になると燃焼が停止するといわれる。

粉末消火剤は油火災に対し、強力な消火能力を示す。これは、油面上に広がった消火剤の窒息効果による影響が大きい。

4．冷却効果による消火（冷却消火）

水などで**燃焼物を冷やす**ことにより**熱を奪い**、引火点未満または発火点未満にして**燃焼の継続を止める**消火方法である。

固体の場合、熱分解により可燃性蒸気やガスを生成し続けて燃焼が継続するため、消火剤により燃焼物の熱を抑えて、可燃性蒸気やガスの生成を抑える。

Q 過去問題

問1 次の除去消火に該当するものはどれか。

☐ 1．燃えている木材に水をかけて消す。
2．ガスこんろの栓を閉じて火を消す。
3．燃えている油に泡消火剤を放射して消す。
4．アルコールランプにふたをして火を消す。

問2 主な消火効果が冷却消火であるものは、次のうちどれか。

☐ 1．乾燥砂で燃焼物を覆う。
2．水をかけて消火する。
3．粉末消火剤（リン酸塩類）で消火する。
4．ハロゲン化物消火剤で消火する。

問3 消火方法とその主な消火効果との組合せとして、次のうち正しいものはどれか。

☐ 1．油火災に泡消火剤を放射して消火する。……窒息消火
2．アルコールランプにふたをして火を消す。……冷却効果
3．木材の火災に強化液を放射して消火する。……除去効果
4．ガスこんろの栓を閉めて火を消す。……窒息効果

問4 次のA～Dの消火方法として、消火作用に窒息効果があるものの組合せとして、正しいものはどれか。

A．油火災に二酸化炭素消火器を使用して消火した。
B．燃えている紙くずに強化液消火器を使用して消火した。
C．ガスこんろの元栓を閉めて消火した。
D．アルコールランプにふたをして消火した。

☐ 1．AとB　　2．AとD
3．BとC　　4．CとD

問5 消火方法には、除去消火、窒息消火、冷却消火、抑制作用による消火があるが、次のそれぞれの説明のうち誤っているものはどれか。

□ 1．除去消火は、燃焼に必要な可燃物を取り去ることによる消火をいい、アルコールランプにふたをして消火するのがこれにあたる。

2．窒息消火は、燃焼に必要な酸素の供給を遮断することによる消火をいい、こぼれたガソリン等が燃えている場合に砂をかけて消火するのがこれにあたる。

3．冷却消火は、燃焼物の温度を下げることによる消火をいい、一般的なものは、燃焼物に水をかける消火がこれにあたる。

4．抑制作用による消火は、可燃物の分子が次々と活性化されて連鎖的に酸化反応が進行するのを抑制することによる消火をいい、ハロゲン化物消火剤による消火がこれにあたる。

A 正解と解説

問1 **正解2**

1．冷却消火

3＆4．窒息消火

問2 **正解2**

1．窒息効果

3＆4．負触媒（抑制）効果

問3 **正解1**

2．窒息効果

3．冷却効果

4．除去効果

問4 **正解2**

A．窒息効果

B．冷却効果

C．除去効果

D．窒息効果

問5 **正解1**

1．アルコールランプにふたをして消火するは、窒息消火である。

水による消火作用

◎水は冷却効果が大きい。

➡ 水の比熱と蒸発熱がともに大きいため。

◎水は加熱により水蒸気になると、酸素と可燃性ガスを希釈する作用もある。

水のメリット

棒状

霧状

●どこでも入手可能で安価

●棒状でも霧状でも蒸発しやすい

水蒸気が燃焼物から熱を奪う（冷却効果）

蒸発時の体積膨張率は1650倍!!

・水蒸気が燃焼面を覆って酸素を遮断（窒息効果）

・水蒸気で可燃性ガスを希釈

水

水

1．水消火剤

水は、**蒸発熱（気化熱）**と**比熱**が大きいため**冷却効果**が大きい。このため、普通火災に対し消火剤として広く使われている。

水は蒸発すると体積が約1,650倍に増える。この水蒸気が**空気中の酸素と可燃性ガスを希釈**する作用がある。

一般に、水は油火災や電気火災に使えない。油火災に水を使用すると、油は水より軽いため水に浮いて火面を拡げる危険がある。また、電気火災の場合は感電の危険があるが、**霧状**にして使用した場合、**電気火災に適応**する。

2．蒸発熱（気化熱）

液体1gが蒸発するときに吸収される熱量を「蒸発熱」または「気化熱」という。蒸発熱が大きいものほど、蒸発（気化）時に多くの熱を周囲から奪う。

3．比　熱

比熱とは、ある物質1gの温度を1℃または1Kだけ高めるのに要する熱量をいう。単位はJ/(g·K)を用いる。

同じ質量の物体でも、温まりやすさは異なる。比熱はこの温まりやすさ・温まりにくさを表す。比熱の大きな物体ほど、温まりにくく冷めにくい。

水と鉄の比熱を比較すると、鉄は水より温まりやすく、冷めやすいといえる。

水(15℃)	約4.19 J/(g·K)

鉄(0℃)	約0.44 J/(g·K)

また、水は気体（常温常圧）を除くと最も比熱の大きい物質である。

Q 過去問題

問1 水が消火剤として優れている一般的理由について、次のうち誤っているものはどれか。

☐ 1．冷却能力が大きいこと。
2．熱に安定であること。
3．毒性がないこと。
4．分解して不燃性ガスが発生すること。

問2 水による消火作用等について、次の文の（　）内のA～Cに当てはまる語句の組合せとして、正しいものはどれか。

「水による消火は、燃焼に必要な熱エネルギーを取り去る（A）効果が大きい。これは水の（B）熱が他の物質より大きいことによる。また、水が蒸発して多量の蒸気を発生し、空気中の酸素と可燃性ガスを（C）する効果もある。」

	A	B	C
☐ 1．	冷却	蒸発	希釈
2．	除去	凝縮	抑制
3．	冷却	凝縮	除去
4．	除去	蒸発	冷却

問3 水による消火作用等について、次の文の下線部分（A）～（C）のうち、誤っているもののみを掲げているものはどれか。

「水による消火は、燃焼に必要な熱エネルギーを取り去る<u>（A）冷却効果が大きい。</u>これは水の蒸発熱が他の物質より<u>（B）小さいこと</u>による。また、水が蒸発して多量の蒸気を発生し、空気中の酸素と可燃性ガスを<u>（C）希釈する作用</u>もある。」

☐ 1．A　　2．B
3．C　　4．A、B

問4 次の文の（　）内のA～Cに当てはまる語句の組合せとして、正しいものはどれか。

「水は比熱が（A）ため、その温度が上昇する際に多量の熱を奪う。また、気化熱が（B）ので、消火剤として用いると（C）が大きい。」

	A	B	C
☐ 1．	大きい	小さい	抑制効果
2．	小さい	小さい	希釈効果
3．	小さい	大きい	窒息効果
4．	大きい	大きい	冷却効果

A 正解と解説

問1 正解4

4．水は加熱されても分解することはない。加熱により水蒸気となるが、これが空気中の酸素と可燃性ガスを希釈する効果がある。

問2 正解1

「水による消火は、燃焼に必要な熱エネルギーを取り去る（冷却）効果が大きい。これは水の（蒸発）熱が他の物質より大きいことによる。また、水が蒸発して多量の蒸気を発生し、空気中の酸素と可燃性ガスを（希釈）する効果もある。」

問3 正解2

B．水の蒸発熱は、他の物質より大きい。

問4 正解4

「水は比熱が（大きい）ため、その温度が上昇する際に多量の熱を奪う。また、気化熱が（大きい）ので、消火剤として用いると（冷却効果）が大きい。」

12 消火剤

◉強化液消火剤… −20℃でも凍結しない

◉泡消火剤……… 窒息効果 電気火災では感電の危険性

◉ハロゲン化物消火剤… 燃焼の抑制（負触媒）効果

◉二酸化炭素消火剤…… 汚損が少ない 酸欠の危険性

◉粉末消火剤…………… 抑制効果と窒息効果

1．火災の区分

火災は、消火に使用する消火剤の種類などから、次のように区分されている。

火災の種類	概要
A 火災（普通火災）	紙、木材、布、繊維等が燃焼する火災
B 火災（油火災）	ガソリン、灯油、油脂、アルコール等が燃焼する火災
C 火災（電気火災）	電気機器、電気器具、電気設備機器等による火災

2．強化液消火剤

強化液消火剤は、水にアルカリ金属塩（炭酸カリウム）を加えた濃厚な水溶液で、アルカリ性を示す。－20℃でも凍結しないため、寒冷地でも使用できる。

この消火剤は、**冷却効果**と燃焼を**化学的に抑制する効果（負触媒効果）**を備えている。

3．泡消火剤

泡消火剤は、一般のものと水溶性液体用の２つがある。

- 一般の泡消火剤：**普通火災**に対し**冷却効果**と**窒息効果**により消火
  ：**油火災**に対しては油面を泡で覆う**窒息効果**により消火
- 水溶性液体用：アルコール火災などに対し**冷却効果**と**窒息効果**により消火

一般のものは、アルコールやアセトンなどの水溶性液体に泡が触れると溶けて消えてしまうため、水溶性液体用泡消火剤（耐アルコール泡消火剤）を使用する。

なお、泡消火剤は電気火災に対し**感電の危険**があるため使用できない。

4．ハロゲン化物消火剤

ハロゲン化物消火剤は、主に一臭化三フッ化メタン $CBrF_3$（ブロモトリフルオロメタンとも呼ばれる）が使われている。

ハロゲン化物はハロゲンと同様に、燃焼の抑制（負触媒）作用がある。

消火剤の一臭化三フッ化メタンは、常温常圧で気体であるが、加圧されて液体の状態で充填されている。放射すると不燃性の非常に重いガスとなる。これが燃焼物を覆うことで窒息効果もある。

ハロゲン化物消火剤は、**燃焼の抑制作用**と**窒息効果**により消火する。

5．二酸化炭素消火剤

二酸化炭素消火剤は、加圧して液体の状態でボンベに充填されており、経年による変質がほとんどないため、**長期にわたり安定して使用**できる。

放射すると直ちにガス化し、空気より重いため燃焼物を覆う。主に**窒息効果**により消火するが、蒸発時の**冷却効果**もある。また、消火後の**汚損が少ない**。

二酸化炭素は**電気絶縁性がよく**、電気火災の際にも感電することはない。ただし、**閉鎖された空間**などで多量に吸い込むと**酸欠状態**となる危険性がある。

6．粉末消火剤

粉末消火剤は、主成分の違いにより数種類のものが使われている。共通した特性は次のとおりである。

- 燃焼を化学的に抑制する抑制効果（負触媒効果）が大きく、この他に燃焼面を覆うことによる窒息効果もある。
- 油火災と電気火災に適応する（粉末は電気の不導体である）。

〔消火器と消火剤のまとめ〕

消火器		消火剤		適応火災	主な消火効果
水系消火器	水消火器	水	棒状	普通	冷却
			霧状	普通・電気	
	強化液消火器	アルカリ金属塩類の水溶液	棒状	普通	冷却
			霧状	普通・油・電気	冷却・抑制
	泡消火器	一般の泡消火剤		普通・油(非水溶性)	窒息・冷却
		水溶性液体用		アルコール・アセトン等	
ガス系消火器		ハロゲン化物消火剤		油・電気	抑制・窒息
		二酸化炭素		油・電気	窒息・冷却
粉末系消火器		リン酸塩類		普通・油・電気	抑制・窒息
		炭酸水素塩類		油・電気	

Q 過去問題

問1 次の文の（　）に当てはまる語句はどれか。

「ハロゲン化物消火剤を火炎に放射すると、燃焼速度が抑制される。これは（　）によるものである。」

☐ 1．除去効果
2．窒息効果
3．抑制（負触媒）効果
4．冷却効果

問2 消火剤に関する記述として、次のうち正しいものはどれか。

☐ 1．ハロゲン化物消火剤は、燃焼反応を抑制する効果がある。
2．泡消火剤は、すべての危険物の火災に有効である。
3．強化液消火剤は、0℃で氷結するので、寒冷地での使用には適さない。
4．二酸化炭素消火剤は、空気中の酸素濃度を低下させる窒息効果があるが、人体への影響はない。

問3 次のA～Cすべてに該当する消火剤はどれか。

A．主な消火作用は、窒息消火である。

B．放出された場所の消火剤の濃度によって人命の危険がある。

C．放出された消火剤による機器の汚損がほとんどない。

☑ 1．ハロゲン化物消火剤

2．二酸化炭素消火剤

3．泡消火剤

4．粉末消火剤

問4 泡消火器による消火効果として、次のうち最も適切なものはどれか。

☑ 1．可燃性物質を取り除く。

2．酸素を遮断する。

3．燃焼反応を抑制する。

4．可燃性物質の濃度を下げる。

問5 電気設備の火災に使用すると感電するおそれがある消火器は、次のうちどれか。

☑ 1．粉末消火器

2．二酸化炭素消火器

3．ハロゲン化物消火器

4．泡消火器

A 正解と解説

問1 正解3

「ハロゲン化物消火剤を火炎に放射すると、燃焼速度が抑制される。これは（抑制（負触媒）効果）によるものである。」

問2 正解1

2．泡消火剤は、普通火災及び油火災に対しては適応するが、電気火災は感電の危険性があるため適応しない。

3．強化液消火剤は濃厚な水溶液で、−20℃でも凍結しないため、寒冷地でも使用できる。

4．狭い閉鎖空間で二酸化炭素消火剤を放射すると、人体に対し酸欠状態になる危険性がある。

問3 正解2

C．消火剤による機器の汚損がほとんどないのは、二酸化炭素消火剤である。

問4 正解2

問5 正解4

第3章

危険物の性質・火災予防・消火の方法

1　丙種で取扱いできる危険物の性状

- ●液体の比重は１より小さいものが多い。水より軽い
- ●いずれも引火の危険性がある。
- ●蒸気比重は１より大きく、低所に滞留する。空気より重い
- ●水に溶けるもの（第３石油類のグリセリン）がある。
- ●動植物油類の乾性油は自然発火の危険性がある。

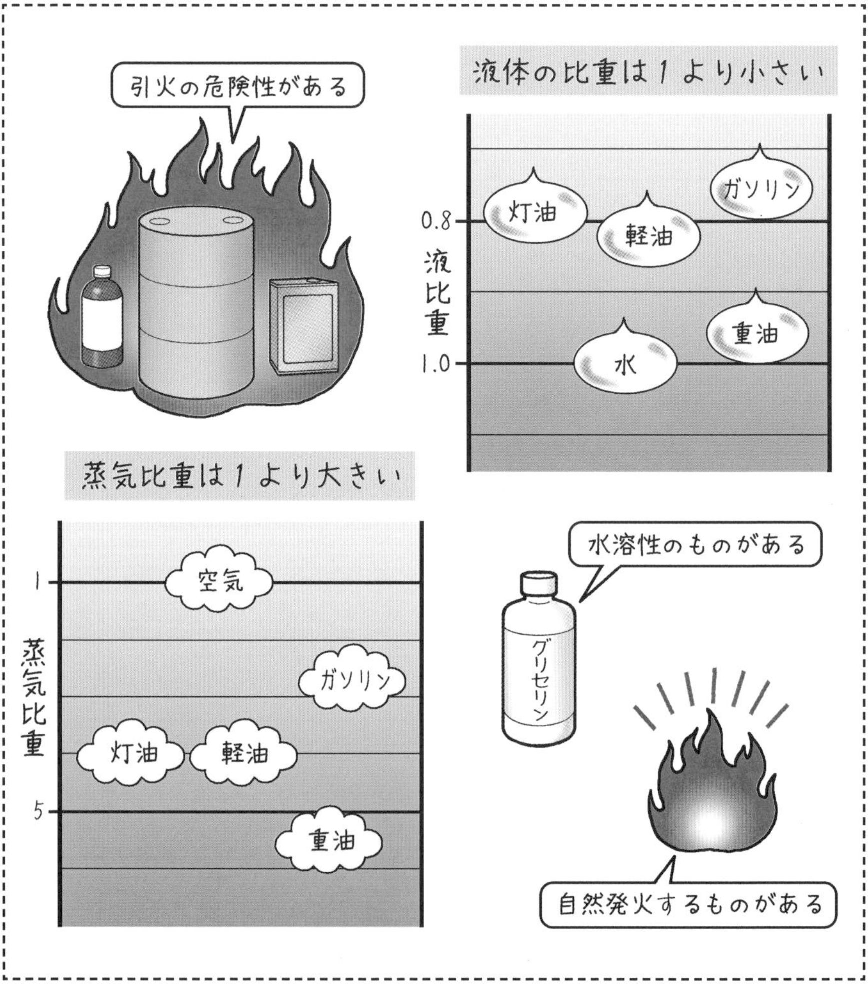

引火の危険性がある

液体の比重は１より小さい

0.8
液比重
1.0
灯油
軽油
ガソリン
水
重油

蒸気比重は１より大きい

1
蒸気比重
5
空気
ガソリン
灯油
軽油
重油

水溶性のものがある

グリセリン

自然発火するものがある

1．丙種が取扱いできる危険物

ガソリン、灯油、軽油、第３石油類（重油、潤滑油及び引火点が 130℃以上のものに限る。）、第４石油類及び動植物油類とする。

2．丙種が取扱いできる危険物の性状

①引火性の液体（常温・常圧）である。液体であることから流動性が高く、火災になった場合に拡大する危険性がある。

②液体の比重は、１より小さいものが多い。

③非水溶性（水に溶けない性質）のものが多いが、水溶性のものもある。

④蒸気は空気とわずかに混合した状態でも、引火するものが多い。ただし、蒸気濃度が燃焼範囲から外れると、点火しても引火しない。

⑤液温が高くなるに従い、可燃性蒸気の発生量は多くなる。

⑥蒸気比重は、すべて１より大きい（空気より重い）。
このため、蒸気は低所に滞留するか、低所を伝わって遠くに流れやすい。

⑥蒸気は特有の臭気を帯びるものが多い。

⑦発火点は、すべて 100℃以上である。

⑧常温（20℃）で引火するもの（ガソリンの引火点－ 40℃以下）と、引火しないものがある。

3．グリセリン

グリセリン $C_3H_5(OH)_3$ は、第３石油類に分類され、引火点が 160～199℃となっている。このため、丙種危険物取扱者が取扱いできる危険物の対象となっている。

グリセリンは甘味と粘性のある無色の液体で、比重は 1.3 と水より重い。また、アルコールの一種で、水に溶けやすく、吸湿性が高い。その保水性を生かして、化粧品や水彩絵具によく使われる。

Q 過去問題

問1 丙種危険物取扱者が取り扱うことのできる危険物の性状について、次のうち正しいものはどれか。

☐ 1．常温（20℃）で液体又は固体である。
2．水に溶けるものがある。
3．引火点を有しないものがある。
4．蒸気は空気より軽いものが多い。

問2 丙種危険物取扱者が取り扱うことのできる危険物の性状について、次のうち正しいものはどれか。

☐ 1．発火点が100℃以下のものがある。
2．常温（20℃）で液体又は固体である。
3．蒸気は空気より軽いものが多い。
4．いずれも引火の危険性を有する。

問3 丙種危険物取扱者が取り扱うことのできる危険物に共通する性状について、次のうち誤っているものはどれか。

☐ 1．可燃性である。
2．無色無臭である。
3．常温（20℃）では液体である。
4．発火点は100℃よりも高い。

問4 丙種危険物取扱者が取り扱うことのできる危険物の性状について、次のうち誤っているものはどれか。

☐ 1．液温45℃で、燃焼範囲の蒸気が液表面上に発生するものがある。
2．引火点が70℃未満のものには、水溶性のものがある。
3．すべて引火点を有する液体である。
4．ぼろ布に染み込ませて放置すると、自然発火するおそれのあるものがある。

問5 丙種危険物取扱者が取り扱うことのできる危険物の性状について、次のうち正しいものはどれか。

☐ 1．引火点は、すべて常温（20℃）以下である。
2．酸素がなくても燃焼する。
3．蒸気比重は1より大きく、低所に滞留する。
4．水によく溶けるものが多い。

問6 丙種危険物取扱者が取り扱うことができる危険物について、次のうち誤っているものはどれか。

☐ 1．引火点の低いものほど引火の危険性が高い。
2．酸素がなくても燃焼する。
3．いずれも常温（20℃）では液体であり、固体のものはない。
4．液体の比重は1より小さい（水より軽い）ものが多い。

問7 丙種危険物取扱者が取り扱うことのできる危険物の性状について、次のうち誤っているものはどれか。

☐ 1．引火点は、常温（20℃）より低いものがある。
2．すべて有色の液体である。
3．ぼろ布に染み込ませて放置すると、自然発火するおそれのあるものがある。
4．すべて引火点を有する液体である。

問8 丙種危険物取扱者が取り扱うことのできる危険物の性状について、次のうち誤っているものはどれか。

☐ 1．いずれも加熱することで可燃性の蒸気を発生し、空気と混合すれば引火する危険がある。
2．いずれも常温（20℃）では液体であり、固体のものはない。
3．いずれも発生する蒸気は、空気より重い。
4．いずれも霧状にすると、火がつきにくい。

問9 丙種危険物取扱者が取り扱うことのできる危険物の性状について、次のうち誤っているものはどれか。

☐ 1．水に溶けるものがある。
2．引火点がある。
3．発火点がある。
4．1気圧において、常温（20℃）で固体のものがある。

問10 丙種危険物取扱者が取り扱うことのできる危険物の性状について、次のうち誤っているものはどれか。

☐ 1．引火点を有する。
2．発生する可燃性の蒸気は、空気より重い。
3．常温（20℃）で引火性の固体のものもある。
4．水溶性のものもある。

問11 常温（20℃）における引火性液体の蒸気に関する一般的な性状について、次のうち正しいものはどれか。

☐ 1．空気に触れると発熱する。
2．沸点が高いものは、空気中に蒸発することはない。
3．床面又は地面に沿って広がる。
4．室内では天井近くに滞留する。

A 正解と解説

問1 正解2

1．常温（20℃）ですべて液体である。

2．第３石油類で引火点130℃以上のものとして、グリセリン$C_3H_5(OH)_3$がある。グリセリンは水によく溶ける。

3．第４類の危険物は引火性液体であり、すべて引火点を有している。

4．蒸気は空気より重いものが多い。

問2 正解4

1．発火点が100℃以下のものはない。発火点は、ガソリンが約300℃、灯油及び軽油が約220℃となっている。

2．常温（20℃）ですべて液体である。

3．蒸気は空気より重いものが多い。

問3 正解2

2．重油は、褐色または暗褐色である。また、ガソリンや灯油、軽油などは特有の臭気があり、着色されているものもある。

4．発火点はすべて100℃よりも高い。ガソリンが約300℃、灯油及び軽油が約220℃となっている。

問4 正解2

1．ガソリンは－40℃以下、灯油は40℃以上、軽油は45℃以上が引火点のため、液温が45℃の場合、燃焼範囲の蒸気を液面上に発生する。

2．丙種取扱者が取り扱うことのできる危険物の中で、水溶性のものは唯一、グリセリンである。グリセリンは第３石油類に分類され、引火点は160～199℃以上である。

4．動植物油類の乾性油（アマニ油など）は、自然発火するおそれがある。

問5 正解3

1．丙種取扱者が取り扱うことのできる危険物の中で、ガソリン以外はすべて引火点が常温（20℃）以上である。

2．いずれも酸素がない状態では燃焼しない。

4．グリセリン以外は水に溶けない。

問6 正解2

2．いずれも酸素がない状態では燃焼しない。

4．グリセリンは比重が1.3となっているが、ほとんどは１より小さい。

問7 正解2

1．ガソリンのみ、引火点は常温より低い（−40℃以下）。

2．無色のものもある。自動車用ガソリンはオレンジ色に着色されているが、工業用ガソリンは無色である。

問8 正解4

4．いずれも霧状にすると、空気との接触面積が広くなるため、火が付きやすくなる。

問9 正解4

1．グリセリンは丙種取扱者が取り扱うことのできる危険物に含まれており、水溶性である。

4．１気圧において、常温（20℃）で固体のものはない。

問10 正解3

3．常温（20℃）で引火性の固体のものはない。

4．グリセリンは水溶性である。

問11 正解3

1．引火性液体の蒸気は、空気に触れても発熱しない。

2．沸点が高い引火性液体であっても、空気中に少しずつ蒸発している。

4．引火性液体の蒸気は、一般に蒸気比重が１より大きいため、室内では床面付近の低所に滞留する。

2 ガソリン等の火災予防

◉容器に貯蔵する場合は密栓し、上部に空間を設ける。
◉ガソリンが入っていた空の金属製ドラムは、ふたをして密栓する。灯油を入れる場合は、ガソリンを完全に除去する。
◉ガソリンは金属製容器に貯蔵する。ポリタンクは不可。
◉ガソリン携行缶が温まっている場合は、冷えてからエア抜きして、ふたを開ける。
◉作業者は、帯電防止用の作業服と靴を着用する。
◉移動貯蔵タンクはエンジンを止め、接地する。注入速度は遅くする。

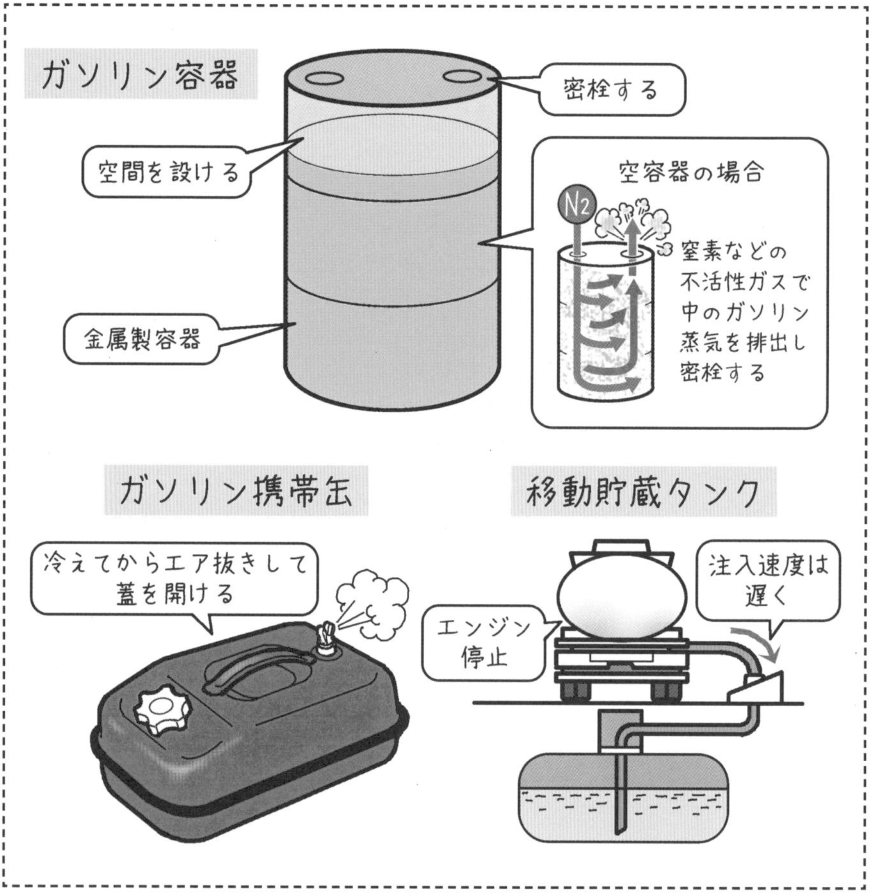

ガソリン容器

密栓する

空間を設ける

金属製容器

空容器の場合

N_2

窒素などの不活性ガスで中のガソリン蒸気を排出し密栓する

ガソリン携帯缶

冷えてからエア抜きして蓋を開ける

移動貯蔵タンク

エンジン停止

注入速度は遅く

1．ガソリン等の貯蔵・取扱いの方法や注意

①**火炎、高温体、火花**に接近または接触しないようにする。

②容器に入れて**密栓**し、**冷暗所に貯蔵**する。また、気温等により液体が膨張すると容器を破損したり、栓からあふれ出ることがあるため、**容器内上部**に膨張のための**余裕空間を確保**する。

③危険物を貯蔵していた**空容器**は、**可燃性蒸気が残留**している場合があるため、**ふたをしっかり締めて、通気・換気のよい屋内の床面**に保管する。

④作業者は**帯電防止用の作業服や靴を着用**する。帯電防止用の作業服や靴は、電気伝導性が高いため、静電気が外部に流れやすくなっている。

⑤詰替等で蒸気が発生する場合、**通風・換気**をよくする。蒸気比重は１（空気）より大きいため、発生した蒸気は**低所に滞留**する。この滞留蒸気は**換気装置**により**屋外の高所へ排出**する。

⑥可燃性蒸気が**滞留するおそれのある場所**では、**火花を発生する機械器具**などを使用しない。

⑦酸化剤などの**酸化性物質**（第１類·第６類の危険物などは他の物質を酸化させ、燃焼を促進する性質がある）との混触は、**発火・爆発のおそれ**がある。

⑧ガソリンの貯蔵・取り扱いの場合、以下も注意する。

> ・消防法に適合した**金属製容器等**で貯蔵や取扱いを行う。灯油用のポリタンクは静電気が蓄積しやすくなるため、使用してはならない。
> ・ガソリンの漏れやあふれが起きると容易に火災に至る危険性があることから、漏れやあふれが生じないように注意を払い、携行缶などの金属製容器は**開口前にエア抜き等**（**圧力調整弁の操作**など）を行う。
> ※発電機の排気等で携行缶が温められている場合は、時間を置いて温度が下がったのを確認 ➡ エア抜き ➡ ふたを開ける。

2．静電気による火災の予防

流動や**揺動**させたりすると**静電気が蓄積**するため、ホース等で移し替える際は、**遅い流速**で行う。また、ホース、配管、タンク、タンクローリーなどは**接地**して静電気を逃がし、帯電を防止する。流動や揺動があった後は、**静置時間**をおく。

静電気が発生するおそれのある作業を行うときは、**床面に散水して湿度を高め**静電気が蓄積しないようにする。また、作業者は**帯電防止処理を施した靴や作業服**を着用する。

3．ガソリンが入っていたタンクやドラム缶の危険性

ガソリンの入っていたタンクやドラム缶は、空になっても危険といわれる。

①タンク等の内部にわずかに残存するガソリンが蒸気となり、燃焼範囲内の混合気がつくられる。 ②ガソリンが入っていたタンクに灯油を注入した場合、タンク内に残存するガソリン蒸気が、燃焼範囲の上限値を超える濃い蒸気であっても、注入された灯油に溶解吸収されてガソリンの蒸気濃度が下がり、燃焼範囲内の混合気となる。 ③ガソリンや灯油の注入時、静電気が発生しやすいため、その放電火花により容器内の蒸気に引火・爆発が起こりやすくなる。 ※容器内の蒸気や空気を窒素などの不活性ガスで置換する等の対策を講じる。

4．移動貯蔵タンクの安全対策

移動貯蔵タンクから給油取扱所の地下貯蔵タンクに、ガソリンを注入するときの安全対策は次のとおりである。

①移動タンク貯蔵所の**エンジンは停止**する。
②移動タンク貯蔵所に設置された**接地導線**を、給油取扱所に設置された**接地端子**に取り付ける。
③ガソリンの**注入速度**は、できる限り**遅く**して、静電気の発生を抑える。
④注油口の近くで**風上となる場所**を選んで**消火器を配置**する。
⑤地下専用タンクの**計量口**は、**計量時以外は閉めておく**。
⑥作業者は、**作業が終了**するまで**移動タンク貯蔵所付近から離れない**。

Q 過去問題

問1 灯油、軽油の一般的な火災予防対策について、次のA～Dのうち、正しいものの組合せはどれか。

A．容器は、密栓して冷所に貯蔵する。
B．室内で取り扱う場合は、低所より高所の換気を十分に行う。
C．可燃性蒸気が滞留するおそれのある場所では、火花を発生する機械器具などを使用しない。
D．容器に貯蔵する場合は、空間容積を設けてはならない。

☐ 1．AとB　　2．AとC
3．BとD　　4．CとD

問2 ガソリンの入っていた空の金属製ドラムの取扱いについて、次のうち正しいものはどれか。

☐ 1．金属製ドラム内に残っているガソリンは、灯油を噴霧して吸収させた後に取り除く。
2．金属製ドラム内のガソリンを完全に除くため、ふたを開けて逆にして積んでおく。
3．空の容器でも危険なので、ふたをして火気のない場所に保管しておく。
4．容器が空であることが分かるように、ふたを外しておく。

問3 ガソリンが残存しているおそれがある金属製ドラムの取扱いについて、次のうち誤っているものはどれか。

☐ 1．空の金属製ドラムであっても密栓しておく。
2．廃棄するときは、ガス溶断する。
3．そのまま灯油を入れるのは非常に危険なので、ガソリンを完全に除去してから入れる。
4．火気から離れた通風のよい場所に保管しておく。

問4 ガソリンで満たされた金属製ドラムよりも、ガソリンを抜いた後の空の金属製ドラムの方が危険な場合があるといわれている。その理由として、次のうち正しいものはどれか。

☐ 1．残っているガソリン蒸気が、燃焼範囲内の濃度になっていることがあるから
2．残っているガソリン蒸気が分解して、有毒ガスが発生していることがあるから
3．残っているガソリンにより、金属製ドラムが腐食することがあるから
4．残っているガソリン蒸気が変質して、爆発性の物質が生じていることがあるから

問5 ガソリンを貯蔵していたタンクに灯油を入れるときは、タンク内のガソリンの蒸気を完全に除去してから入れなければならないが、その理由として、次のうち最も妥当なものはどれか。

☐ 1．タンク内のガソリンの蒸気が灯油の蒸気と混合するとき発熱し、その熱で灯油の温度が高くなるから
2．タンク内に充満していたガソリンの蒸気が灯油と混合して熱を発生し、発火することがあるから

3．タンク内に充満していたガソリンの蒸気が灯油に吸収されて燃焼範囲内の濃度に薄まり、かつ、灯油の流入で発生した静電気の火花で引火することがあるから

4．タンク内のガソリンの蒸気が灯油と混合することにより、ガソリンの引火点が高くなるから

問6 ガソリンを携行缶で取り扱う場合の火災予防について、次のA～Dのうち、適切でないものを組み合わせたものはどれか。

A．携行缶として、灯油用ポリタンク（20ℓ）を使用する。

B．発電機の排気等で携行缶が温められている場合は、温度が下がってからエア抜きをし、ふたを開ける。

C．発電機等への注油時は、発電機等のエンジンを停止させてから、携行缶のふたを開ける。

D．ガソリンは温度による体積変化がほとんどないことから、携行缶の内部に空間を残さないよう注油してよい。

☐ 1．AとB　　2．AとD
3．BとC　　4．CとD

問7 ガソリンを携行缶で取り扱う場合の火災予防について、次のA～Dのうち、適切でないものはいくつあるか。

A．発電機等への注油時は、発電機等のエンジンを停止させてから、携行缶のふたを開ける。

B．発電機の排気等により携行缶が高温になっている場合は、その場で直ちにふたを開けて内圧を下げる。

C．携行缶として、灯油用ポリタンク（20ℓ）を使用する。

D．ガソリンを保管するときは、携行缶が変形しないようふたをわずかに緩めておく。

☐ 1．1つ　　2．2つ
3．3つ　　4．4つ

問8 給油取扱所で、自動車にガソリンを給油する際の保安対策として、次のうち誤っているものはどれか。

☐ 1．自動車のエンジンがかかっている状態では絶対に給油しない。
2．給油作業をしている者は、作業が終了するまでその場を離れない。

3．自動車等の給油口から給油ノズルを外すときは、ノズル先端からガソリンがこぼれないように注意する。

4．給油作業をする従業員は、静電気が人体に蓄積しないように、電気伝導性の小さい衣服を着用する。

問9 次の文の下線部分A～Cのうち、誤っているもののみをすべて掲げているものはどれか。

「移動貯蔵タンクから地下貯蔵タンクにガソリンを注入するとは、(A) 移動タンク貯蔵所のエンジンをかけた状態にしておく。」

「また、静電気の蓄積を避けるため、移動貯蔵タンクは、(B) 完全に接地するとともに、ガソリンの注入速度を (C) できる限り遅くする。」

☐ 1．A　　2．B

3．C　　4．A、C

問10 移動タンク貯蔵所から給油取扱所に危険物を荷下ろしする場合に行う安全対策として、次のうち妥当でないものはどれか。

☐ 1．移動タンク貯蔵所に設置された接地導線を給油取扱所に設置された接地端子に取り付ける。

2．荷受け側施設内での火気使用状況を確認するとともに、注油口の近くで風上となる場所を選んで消火器を配置する。

3．地下専用タンクの残油量を計量口を開けて確認し、荷下ろしが終了するまで計量口のふたは閉めないようにする。

4．荷下ろし中は緊急事態にすぐ対応できるように、移動タンク貯蔵所付近から離れないようにする。

A 正解と解説

問1 正解2

B．室内で取り扱う場合、蒸気は低所に滞留するため、低所の換気を十分に行う。

D．容器に貯蔵する場合は、容器内に膨張のための余裕空間を確保する。

問2 正解3

1．金属製ドラム内にガソリンが残っている場合、灯油を注入してはならない。静電気が発生し、放電火花により爆発が起こる危険性がある。

2＆4．ガソリンの入っていた金属製ドラムは、ふたで密栓する。ふたを開けておくと、残存している蒸気が流出して危険である。

問3 正解2

2．廃棄するときは、ガソリンを完全に除去してから処理する。ガソリン蒸気が内部に残っているおそれのある状態で、ガス溶断するのは危険である。

問4 正解1

1．残っているガソリン蒸気が、燃焼範囲内の濃度になっていると、静電気などの火花で爆発する危険性がある。

問5 正解3

問6 正解2

A．携行缶として、灯油用ポリタンクを使用してはならない。発生した静電気が蓄積しやすくなる。

D．携行缶の内部には、必ず空間を残すようにする。容器いっぱいまでガソリンを入れると、熱で膨張した際に液体の圧力の逃げ場がなくなり、開口時にガソリンが噴出するおそれがある。

問7 正解3

B．携行缶が高温になっている場合は、温度が下がるまで待ち、エア抜きをして内部の圧力を下げてからふたを開ける。

C．携行缶として、灯油用ポリタンクを使用してはならない。

D．ガソリンを保管するときは、容器のふたをしっかりと締めておく。

問8 正解4

4．給油作業をする従業員は、静電気が人体に蓄積しないように、電気伝導性の大きい衣服を着用する。

問9 正解1

A．ガソリンの注入時は、移動タンク貯蔵所のエンジンを停止する。万が一、ガソリンが漏えいしたとき、エンジンの熱で引火する危険性がある。

B．移動貯蔵タンクを完全に接地することで、静電気の蓄積を避けることができる。

C．ガソリンの注入速度をできる限り遅くすることで、静電気の発生を抑えることができる。

問10 正解3

3．地下専用タンクの計量口は、残油量の確認（計量）を終えたらふたを閉めること。ふたを開けたまま危険物を荷下ろししてはならない。万が一、荷下ろし量がタンクの容量を超えた場合、計量口のふたから危険物があふれ出るおそれがある。

ガソリン等の事故事例

◉地下タンクからガソリンが漏れると、タンクの保護用アスファルトを溶解する。
◉ガソリンは常温でも引火事故を引き起こしやすい。
◉金属製ドラムは運搬時、横積みしない。収納口は上に向けること。
◉路上での流出事故時は、危険物が排水溝に流れ込まないようにする。

地下タンクのガソリン漏れ

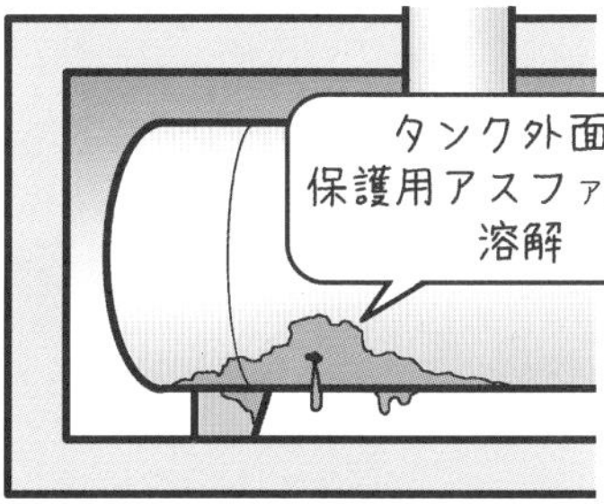

タンク外面の保護用アスファルトを溶解

ガソリンの引火事故

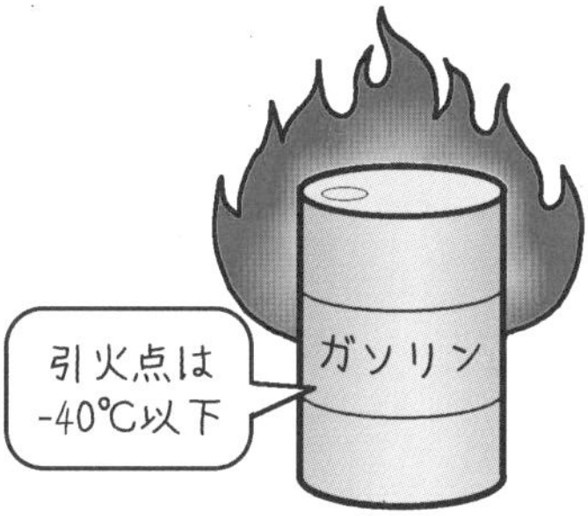

引火点は-40℃以下

ガソリン

金属製ドラムは横積みしない

収納口は必ず上!

危

路上での流出事故

危険物が排水溝に流れ込まないようにする

Q 過去問題

問1 給油取扱所の定期点検で、ガソリンの地下専用タンクの周囲に設置された危険物の漏れを検査する管（漏えい検査管）から、多量のタール状物質が検出された。この原因として最も適切と考えられるものは、次のうちどれか。

☐ 1．専用タンクに腐食により穴があき、漏れたガソリンが、専用タンクの外面保護用アスファルトを溶解した。
2．地熱が専用タンクの外面保護用アスファルトを溶解した。
3．給油取扱所以外の場所から油分が浸透してきた。
4．長い間使っているため、土中の水分が専用タンクの外面保護用アスファルトを溶解した。

問2 次の事故事例を教訓とした今後の対策として、誤っているものはどれか。

「給油取扱所において、アルバイトの従業員が、20ℓのプラスチック容器を持って灯油を買いに来た客に、誤って自動車ガソリンを売ってしまった。客はそれを石油ストーブに使用したため、異常な燃焼を起こして火災となった。」

☐ 1．自動車ガソリンは20ℓのプラスチック容器に入れてはならないことを、全従業員に徹底する。
2．容器に注入する前に、油の種類をもう1度客に確認する。
3．自動車ガソリンは無色であるが、灯油はオレンジ色であるので、オレンジ色であることを確認してから容器に注入する。
4．灯油の小分けであっても、危険物取扱者が必ず立ち会う。

問3 次の事故を起こした危険物として、最も可能性の高いものは次のうちどれか。

「ある一般取扱所において、危険物を金属製ドラムから金属製ろうとを使用してポリ容器（10ℓ）に詰め替えていたところ、危険物の流動により発生した静電気がスパークし、危険物の蒸気に引火したため火災となり、行為者が火傷を負った。」

☐ 1．灯油　　2．軽油
3．重油　　4．ガソリン

問4 次の事故事例を教訓とした今後の対策として、次のうち誤っているものはどれか。

「危険物を運搬していたトラックが急停車したため、積載していた金属製ドラムが転倒して一緒に積んでいた鋼材にぶつかり、金属製ドラムの下部に穴があいて危険物が漏れた。」

☐ 1．金属製ドラムのすき間に緩衝材料をはさみ、かつ、荷台上で動かないように固定する。
2．運搬容器を破損させるおそれのある物品を同時に積載しない。
3．金属製ドラムは転倒防止のため横積みにして積載する。
4．運転者は道路、交通状況に応じた安全運転を行い、車両のハンドル、ブレーキ等の確実な操作を行う。

問5 移動貯蔵タンクから地下貯蔵タンクに危険物を注入中、危険物が流出する事故が度々発生している。このような事故を防止するために、注入開始前に行う確認事項として、次のうち誤っているものはどれか。

☐ 1．移動貯蔵タンク及び注入する地下貯蔵タンクの危険物の量に、誤りがないこと。
2．地下貯蔵タンクの計量口が、開放されていること。
3．地下貯蔵タンクの注入口の選択に、誤りがないこと。
4．注入ホースと注入口とが、確実に結合されていること。

問6 移動タンク貯蔵所が横転し、多量の軽油が流出した場合の処置として、次のうち誤っているものはどれか。

☐ 1．土砂などでせき止め、油面の広がるのを防ぐ。
2．消防署及び付近にいる人に知らせる。
3．排水溝へ手早く導き、路上に広がるのを防ぐ。
4．付近での火気の使用をやめてもらう。

問7 ガソリンの取り扱い時に付近で石油ストーブを使用していたところ、石油ストーブから火災が発生した。この火災の発生原因で考えられるものとして妥当なものは次のうちどれか。

☐ 1．ガソリンが石油ストーブによって加熱され、発火点以上に上昇したから。
2．ガソリンの蒸気が床面に沿って石油ストーブの所まで流れたから。
3．石油ストーブによって室内の温度が上昇したから。
4．石油ストーブによってガソリンの温度が上昇し、燃焼範囲が広がったから。

問8 誤って灯油にガソリンを混入してしまった場合の処置として、次のうち適切なものはどれか。

☑ 1．しばらく放置すれば、比重の違いによって分離するので、その後、くみ分けて、それぞれの用途に使用する。

2．引火点などが灯油と異なるので、灯油を用いる石油ストーブの燃料として使用しない。

3．混入したガソリンと同量の軽油を入れ、比重を灯油と同じになるよう調整した後、灯油として使用する。

4．ガソリンは蒸発しやすいので、少し温めてガソリンを蒸発させ、灯油として使用する。

問9 油槽所から河川の水面に、非水溶性の引火性液体が流出した場合の処置について、次のうち適切でないものはどれか。

☑ 1．オイルフェンスを張って、引火性液体の拡大及び流動を防ぐとともに回収装置で回収した。

2．引火性液体が河川に流出したことを、付近、下流域及び船舶等に知らせ、火気使用の禁止等の協力を呼びかけた。

3．流出した引火性液体を、堤防の近くからオイルフェンスで河川の中央部分に誘導し、監視しながら揮発分を蒸発させた。

4．大量の油吸着剤の投入と引火性液体を吸着した吸着剤の回収作業とを、繰り返し行った。

A 正解と解説

問1 **正解1**

1．漏えい検査管は、地下専用タンクの周囲4箇所ほどに設置されている。アスファルトは、暗褐色～黒色で、常温で固体、半固体または粘性の高い液体である。アスファルト舗装などに使われている。アスファルトは、原油の精製から得られ、ガソリンや灯油などによって溶解する。「6．灯油の性状　2．石油の精製」176P参照。

問2 **正解3**

3．自動車用ガソリンはオレンジ色であるが、灯油は無色～淡黄色である。

問3 正解4

４種類の危険物のうち、引火点が常温（20℃）以下のものは、ガソリンのみ（引火点は－40℃以下）である。ろうと（漏斗）は、液体や粉体を口径の大きい容器から、口径の小さい穴に投入する際に利用する円錐状の器具である。「じょうご」ともいう。

問4 正解3

3．危険物を金属製ドラムに入れて運搬する際は、収納口を上方に向けること。横積みにすると、収納口が横方向に向いてしまう。

問5 正解2

2．計量口は、計量時以外は閉鎖されていること。開放されていると、計量口から危険物があふれ出て、流出する危険性が生じる。

問6 正解3

3．排水溝へ導いてはならない。軽油が排水溝に流入すると、溝を伝わって遠くまで広がる。流出事故発生後は油吸着材を使用したり、土のうなどで軽油が排水溝に流れ込むのを防ぐ。

問7 正解2

2．ガソリンの引火点は－40℃で非常に引火しやすい。また、蒸気比重は３～４で空気より重いため、ガソリン蒸気は床面を沿って漂う。

問8 正解2

2．ガソリンが混入した灯油は、石油ストーブに使用してはならない。異常燃焼を引き起こす。

問9 正解3

3．オイルフェンスを張って、直ちに引火性液体を回収する。揮発するまで待っていてはならない。

※油槽所とは、製造所で生産された石油製品を一時的に貯蔵し、移動タンク貯蔵所に積み込むための施設である。

4 危険物の消火

これだけ覚える!!

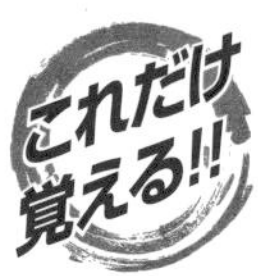

◉ガソリン等の火災に適応しないのは、①水消火器（棒状）、②水消火器（霧状）、③強化液消火器（棒状）の３つ。

◉強化液消火器（霧状）は、ガソリン等の火災に適応。

◉放水は、危険物を飛散させたり、燃焼面を広げる危険がある。

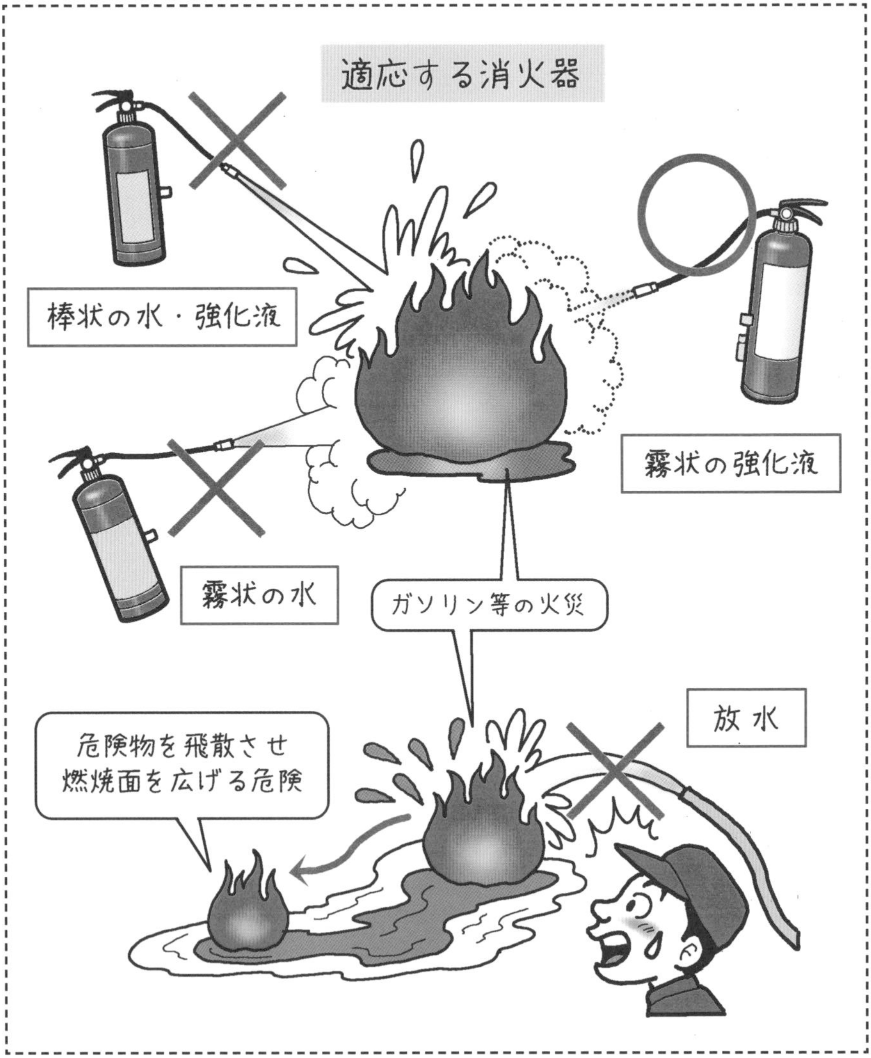

1．消火の方法

ガソリン、灯油、軽油、重油、潤滑油及び動植物油類のなどの引火性液体の火災における消火では、可燃物の除去消火や冷却消火が困難である。このため、空気を遮断する**窒息消火**や**燃焼の抑制**（負触媒効果）による消火が効果的である。

使用する消火器は、強化液消火器（霧状）、ハロゲン化物消火器、二酸化炭素消火器、泡消火器、粉末消火剤などである。

ただし、**水消火器（棒状及び霧状）**と**強化液消火器（棒状）**は、これら危険物の火災には**適応しない**。その主な理由は次による。

- 棒状の場合、放射の勢いで**周囲に危険物を飛散**させる。
- 危険物は水より比重が小さいため、水が放射されると**危険物が水に浮かび、燃焼面積を広げる**。

グリセリン等の水溶性液体は、一般の泡消火剤の泡を溶かして消してしまう性質があるため、**一般の泡消火剤は不適切**である。水溶性の危険物の火災には、泡が溶けない**水溶性液体用の泡消火器**を使用する。

〔消火器ごとの油火災に対する適応・不適応〕

消火器等の種類		ガソリン、灯油、軽油、重油、潤滑油、動植物油類の火災
水消火器	（棒状）	×
	（霧状）	×
強化液消火器	（棒状）	×
	（霧状）	○
泡消火器		○
二酸化炭素消火器		○
ハロゲン化物消火器		○
粉末消火器		○
乾燥砂		○

※水溶性の危険物の火災には、「水溶性液体用の泡消火器」を使用。一般の泡消火器は適応しない。

Q 過去問題

問1 危険物の火災の消火について、次のうち誤っているものはどれか。

☐ 1．動植物油類の火災には、棒状の注水による消火が有効である。
2．重油の火災には、ハロゲン化物消火剤による消火が有効である。
3．灯油や軽油の火災には、霧状の強化液による消火が有効である。
4．ガソリンの火災には、泡消火剤による消火が有効である。

問2 消火の方法について、次のうち誤っているものはどれか。

☐ 1．ギヤー油やシリンダー油の火災には、水による消火が有効である。
2．灯油や軽油の火災には、粉末消火剤による消火が有効である。
3．重油の火災には、霧状の強化液による消火が有効である。
4．ガソリンの火災には、泡消火剤による消火が有効である。

問3 ガソリンの火災に適応しない消火設備は、次のうちどれか。

☐ 1．スプリンクラー設備
2．霧状の強化液を放射する小型の消火器
3．泡消火設備
4．消火粉末（リン酸塩類）を放射する大型の消火器

問4 一般に、ガソリンの火災に注水すると、かえって危険であるといわれているが、その理由として、次のうち正しいものはどれか。

☐ 1．高熱で水が分解するから
2．爆発性混合ガスが生成するから
3．引火点が下がるから
4．燃焼面が拡大するから

問5 軽油の火災の消火剤として、次のうち誤っているものはどれか。

☐ 1．燃えている量が少ない場合…乾燥砂
2．燃えている量が少ない場合…霧状の強化液
3．燃えている量が多い場合……棒状の水
4．燃えている量が多い場合……泡

問6 軽油の火災に適応しない消火方法は、次のうちどれか。

☐ 1．ハロゲン化物消火剤を放射する。
2．棒状の水を放射する。
3．泡消火剤を放射する。
4．二酸化炭素消火剤を放射する。

問7 軽油及び灯油の火災に適応する消火設備として、次のうち適切でないものはどれか。

☐ 1．消火粉末（リン酸塩類等）を放射する消火器
2．棒状の強化液を放射する消火器
3．乾燥砂
4．ハロゲン化物を放射する消火器

問8 次に掲げる消火器のうち、灯油を取り扱う場所に設置することが適切なものはどれか。

☐ 1．霧状の強化液を放射する消火器
2．棒状の強化液を放射する消火器
3．霧状の水を放射する消火器
4．棒状の水を放射する消火器

問9 危険物の火災とその消火方法の組合せとして、適切ではないものは、次のうちどれか。

☐ 1．ガソリン……水
2．軽油　　……泡消火剤
3．灯油　　……粉末（リン酸塩類等）消火剤
4．重油　　……二酸化炭素消火剤

問10 危険物の火災とその消火方法の組合せとして、最も適切なものは、次のうちどれか。

☐ 1．ガソリン……棒状の水を放射する。
2．軽油　　……棒状の強化液を放射する。
3．灯油　　……霧状の強化液を放射する。
4．重油　　……霧状の水を放射する。

問11 潤滑油の火災において、適応しない消火器は次のうちどれか。

☐ 1．消火粉末（リン酸塩類）を放射する消火器
2．二酸化炭素を放射する消火器
3．泡を放射する消火器
4．強化液（棒状）を放射する消火器

問12 泡消火器が電気設備の火災に適応しない理由として、次のうち正しいものはどれか。

☐ 1．泡が破壊されてしまうため
2．泡が分離して有毒ガスを発生するため
3．泡が分解して可燃性ガスを発生するため
4．感電するおそれがあるため

問13 丙種危険物取扱者が取り扱うことのできる危険物の消火について、次のうち誤っているものはどれか。

☐ 1．重油は、水に溶けず比重が水より大きいので、液面を水で覆って消火することができる。
2．グリセリンの火災に泡消火剤を用いる場合には、水溶性液体用のものを使用する。
3．動植物油類の火災では、液温が水の沸点より高くなっているので、水をかけると瞬間的に沸騰し、油が飛散する。
4．ガソリンは、水に溶けず比重が水より小さいので、水をかけると、燃えているガソリンの液面を四方に広げてしまう。

問14 容器内で燃焼している動植物油類に注水すると危険な理由として、次のうち最も適切なものはどれか。

☐ 1．高温の油と水の混合物は、単独の油より引火点が低くなるから
2．注水が空気を巻き込み、火炎及び油面に酸素を供給するから
3．油面をかき混ぜ、油の蒸発を容易にさせるから
4．水が激しく沸騰し、燃えている油を飛散させるから

A 正解と解説

問1 正解1

1．動植物油類の火災には、棒状の注水による消火は不適切である。動植物油類が飛散する他、燃焼面が水に浮いて広がる。

問2 正解1

1．ギヤー油やシリンダー油の火災には、水による消火は不適切である。

問3 正解1

1．ガソリンの火災に、スプリンクラー設備は適応しない。

問4 正解4

4．ガソリンなどの油類は水より比重が軽いため、その火災に注水すると燃焼面が水に浮いて広がる。

問5 正解3

3．軽油の火災の消火剤として、棒状の水は不適切である。

問6 正解2

2．軽油の火災に、棒状の水を放射する消火方法は適応しない。

問7 正解2

2．軽油や灯油など油類の火災には、①水消火器（棒状）、②水消火器（霧状）、③強化液消火器（棒状）の３つは適応しない。

問8 正解1

①水消火器（棒状）、②水消火器（霧状）、③強化液消火器（棒状）は、いずれも灯油を取り扱う場所に設置することが不適切な消火器である。

問9 正解1

1．ガソリンの火災に、水は適応しない。

問10 正解3

ガソリン、軽油、灯油、重油など油類の火災には、①水消火器（棒状）、②水消火器（霧状）、③強化液消火器（棒状）の３つは適応しない。強化液消火器（霧状）は適応する。

問11 正解4

4．潤滑油の火災において、強化液（棒状）を放射する消火器は適応しない。

問12 正解4

4．泡は電気を通すため、電気火災の消火に泡を放射すると、泡を介して感電するおそれがある。

問13 正解1

1．重油は、比重が水よりわずかに小さいため、水を放射すると重油が水に浮くことになる。この結果、重油による燃焼面が広がる。

問14 正解4

5 ガソリンの性状

◉引火点は－ 40℃以下で、発火点は約 300℃。
◉燃焼範囲は 1.4 ～ 7.6vol%。
◉自動車用ガソリンはオレンジ系色に着色。

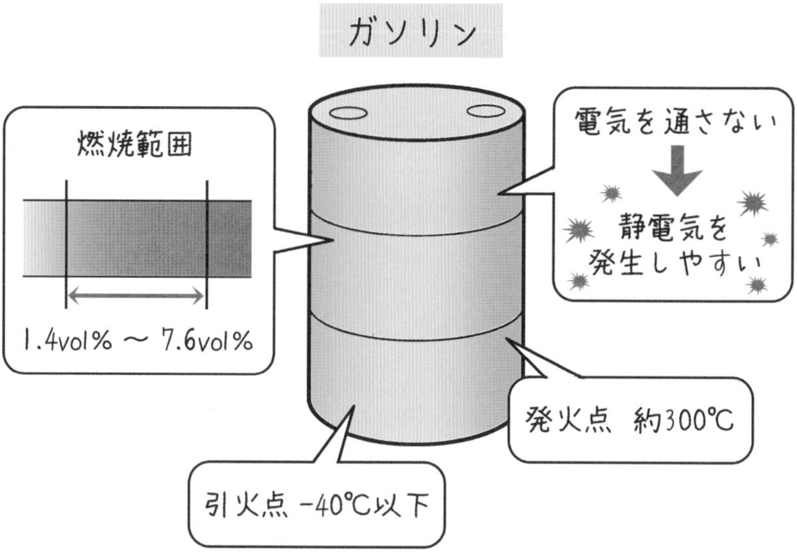

ガソリン

燃焼範囲

1.4vol% ～ 7.6vol%

電気を通さない

静電気を
発生しやすい

発火点　約300℃

引火点 -40℃以下

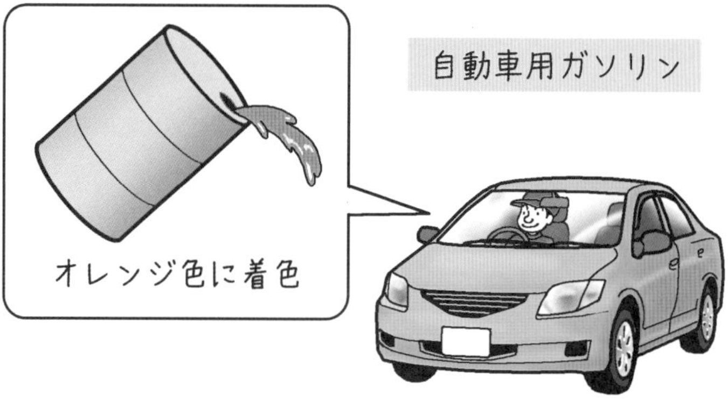

自動車用ガソリン

オレンジ色に着色

1．ガソリンのまとめ

▶**特有の臭気**がある。（➡ 付臭剤を使用していない）
▶引火点：－ 40℃以下
▶発火点：約 300℃（➡ 灯油・軽油の方が低い）
▶沸点：40 ～ 220℃
▶比重：0.65 ～ 0.75（➡１（水）より小さいため水に浮く）
▶蒸気比重：3～4（➡１（空気）より大きいため低所にたまる）
▶燃焼範囲：1.4 ～ 7.6vol%
▶電気の**不導体**で、流動により**静電気が発生**しやすい。
▶灯油や軽油と識別するため、**自動車用ガソリン**は着色剤（油溶性染料）により**オレンジ系色に着色**されている。工業用ガソリンは無色透明である。
▶日本工業規格により自動車用ガソリン、航空用ガソリン、工業用ガソリンの３**種類**に分けられている。

Q 過去問題

問1 自動車ガソリンの性状等について、次のうち誤っているものはどれか。

☐ 1．オレンジ系色に着色されている。
2．液温が０℃のときでも引火する危険がある。
3．蒸気は空気より軽い。
4．液体の比重は１より小さく、水に溶けない。

問2 自動車用ガソリンの性状について、次のうち誤っているものはどれか。

☐ 1．オレンジ系色に着色してある。
2．引火点は常温（20℃）より低い。
3．発生する蒸気は空気より重い。
4．水に溶けやすい。

問3 自動車ガソリンの性状について、次のうち誤っているものはどれか。

☐ 1．特有の臭気を有している。
2．水よりも重い。
3．引火点は常温（20℃）より低い。
4．水に溶けない。

問4 自動車ガソリンの性状について、次のうち誤っているものはどれか。

☐ 1．無色の液体である。
2．水に溶けない。
3．引火点は常温（20℃）より低い。
4．水より軽い。

問5 ガソリンの性状について、次のうち誤っているものはどれか。

☐ 1．水より軽い。
2．蒸気は空気より重い。
3．100℃で自然発火する。
4．水には溶けない。

問6 自動車ガソリンの性状について、次のうち正しいものはどれか。

☐ 1．比重は約1.1である。
2．沸点は20.2～35.0℃である。
3．引火点は一般的に－40℃以下である。
4．燃焼範囲はおおむね1.3～20 vol％である。

問7 ガソリンの性状について、次のうち誤っているものはどれか。

☐ 1．揮発性の高い液体で特有の臭気を有する。
2．自動車ガソリンの引火点は、一般に－40℃以下である。
3．蒸気は空気より重い。
4．燃焼範囲は、おおむね65～87 vol％である。

問8 自動車ガソリンの一般的性状について、次のうち誤っているものはどれか。

☐ 1．引火点は、－40℃以下である。
2．流動、摩擦等により、帯電しやすい。
3．オレンジ系色に着色されている。
4．蒸気は、空気より軽い。

問9 自動車ガソリンの性状について、次のうち誤っているものはどれか。

☐ 1．蒸気は空気より軽いので、高所にたまりやすい。
2．水よりも軽く、水に溶けない液体である。
3．流動などの際に、静電気を発生しやすい。
4．発火点は約300℃である。

問10 自動車ガソリンの性状等について、次のうち誤っているものはどれか。

☐ 1．水よりも軽く、水に溶けない液体である。
2．－10℃では引火しない。
3．蒸気は、空気より重い。
4．オレンジ系色に着色されている。

問11 自動車ガソリンの一般的性状について、次のうち誤っているものはどれか。

☐ 1．蒸気は、空気よりも重い。
2．流動、摩擦等により、帯電しやすい。
3．オレンジ系色に着色されている。
4．燃焼範囲の上限界は、10 vol％を超える。

問12 自動車ガソリンの一般的な燃焼範囲は、次のうちどれか。

☐ 1．0～1.5vol％
2．1.4～7.6 vol％
3．7.5～15.0 vol％
4．15.0～30.0 vol％

問13 自動車ガソリンの性状として、次のうち誤っているものはどれか。

☐ 1．引火点は、おおむね0～20℃である。
2．蒸気は、空気より重いので、低い滞留しやすい。
3．オレンジ系の色に着色されている。
4．常温（20℃）においても火花、炎などを近づけると火がつく。

A 正解と解説

問1 正解3

3．蒸気は空気よりも重い。このため、室内では低所に滞留する。

問2 正解4

4．水には溶けない。

問3 正解2

2．水よりも軽い。このため、ガソリンは水に浮く。

問4 正解1

1．自動車ガソリンは、オレンジ系色に着色されている。

問5 正解3

3．ガソリンの発火点は約300℃であるため、100℃で自然発火することはない。

問6 正解3

1．比重は0.65～0.75である。

2．沸点は40～220℃である。

4．燃焼範囲はおおむね1.4～7.6vol％である。

問7 正解4

4．燃焼範囲は、おおむね1.4～7.6vol％である。

問8 正解4

4．蒸気は、空気より重い。蒸気比重は3～4である。

問9 正解1

1．蒸気は空気より重いので、低所にたまりやすい。

問10 正解2

2．引火点は－40℃以下のため、－10℃では引火する。

問11 正解4

4．燃焼範囲は、おおむね1.4～7.6vol％である。

問12 正解2

問13 正解1

1．引火点は－40℃以下である。

灯油の性状

◉無色または淡黄色。

◉引火点は 40℃以上。

◉不完全燃焼により一酸化炭素が発生する。

◉燃料の他、溶剤、洗浄用に使用。

灯油

無色または淡黄色

引火点は40℃以上

40℃

不完全燃焼により
一酸化炭素が発生

CO

CO

CO_2

H_2O

CO

CO

H_2O

CO

CO

CO

CO_2

CO

溶剤・洗浄用に
使用

1．灯油のまとめ

▶**無色**または**淡黄色**。経年変化により**淡黄～黄褐色**を呈す場合がある。**特有の臭気**を放つ。
▶引火点：**40℃以上**
▶発火点：**約 220℃**（➡ ガソリンの約 300℃より低い）
▶沸点：145 ～ 270℃
▶比重：**約 0.8**（➡ 1（水）より小さいため水に浮く）
▶蒸気比重：**4.5**（➡ 1（空気）より大きいため低所にたまる）
▶燃焼範囲：**1.1 ～ 6.0vol%**
▶電気の**不導体**で、流動により**静電気が発生**しやすい。
▶灯油にガソリンを**混合してはならない**。引火しやすくなり、危険である。（「3．ガソリンが入っていたタンクやドラム缶の危険性」154 P参照）
▶**霧状**にしたものや、**木綿布**に染みこんだものは、**空気との接触面積が広くなる**ため、引火しやすくなる。
▶**不完全燃焼**すると、**一酸化炭素 CO** を発生する。
▶**ストーブなどの燃料**の他、**溶剤**、機械部品の**洗浄用**などに使われる。

2．石油の精製

海水を熱すると水が蒸発して水蒸気が生じる。その水蒸気を冷やすと、純粋な水（蒸留水）が得られる。このように、混合物を沸騰させ、生じた蒸気を冷やし再び液体に分離する操作を蒸留という。

また、２種類以上の液体の混合物から、沸点の差を利用して、蒸留によって各成分に分離する操作を分留という。

分留は、石油の精製に利用されている。高さが 50 メートルもある蒸留塔の中に、加熱炉で 350℃以上に熱した石油蒸気を吹き込むと、蒸気は次第に冷やされ液化する。このとき、沸点の低いものほど蒸留塔の上部に進み、沸点の高いものほど底部から抜き出される。

石油ガスは、蒸留塔の最上部からガスのまま取り出したものである。以下、各製品ごとの留出温度は次のとおりである。

- ガソリン……………… 沸点　35 ～ 180℃で留出したもの
- 灯油…………………… 沸点 170 ～ 250℃で留出したもの
- 軽油…………………… 沸点 240 ～ 350℃で留出したもの
- 重油やアスファルト… 沸点 350℃以上で蒸留塔に残った油

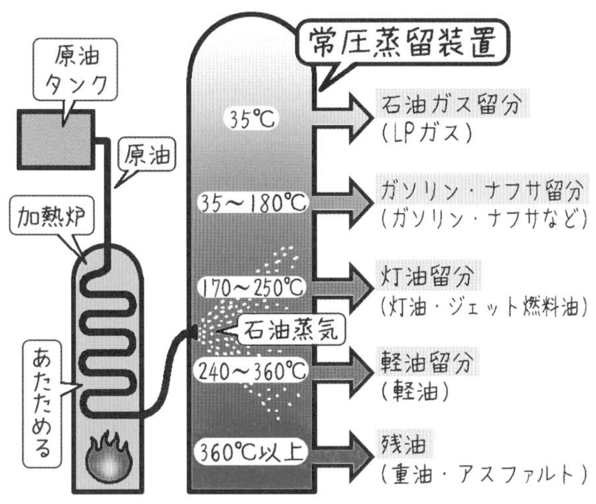

Q 過去問題

問1 灯油の性状について、次のうち誤っているものはどれか。

☐ 1．引火点はガソリンより高いが、重油よりは低い。
2．水より重く、水に溶けやすい。
3．古くなったものは、淡黄色に変色することがある。
4．木綿布に染み込んだものは、火がつきやすい。

問2 灯油の性状について、次のうち正しいものはどれか。

☐ 1．水に溶けやすい。
2．蒸気は空気より軽い。
3．引火点は常温（20℃）より低い。
4．電気の不導体である。

問3 灯油の性状について、次のうち誤っているものはどれか。

☐ 1．水より軽く、水に溶けない。
2．蒸気は低所に滞留する。
3．沸点は水より低い。
4．不完全燃焼すると、一酸化炭素などの有毒ガス発生する。

問4 灯油の性状について、次のうち正しいものはどれか。

☐ 1．ガソリンと混合されたものは引火しにくい。
2．木綿布に染み込んだ状態では、空気との接触面積が大きくなるので着火の危険性は減少する。
3．気温が0℃以下の場合でも、液温が引火点以上になると火源により引火する。
4．蒸気の燃焼範囲は、おおむね11～60vol％である。

問5 灯油の性状等について、次のうち誤っているものはどれか。

☐ 1．液温が常温（20℃）程度でも容易に引火する。
2．石油ストーブなどの燃料のほか、溶剤、洗浄用などに使用される。
3．一般にガソリンより引火点が高い。
4．液体の比重は1以下で、水に溶けない。

問6 灯油の性状等について、誤っているものはどれか。

☐ 1．燃料、溶剤及び洗浄剤として使用されている。
2．水には溶けない。
3．液体の比重は、1より小さい。
4．蒸気は、空気より軽い。

問7 灯油の性状について、次のうち正しいものはどれか。

☐ 1．トラックやバスなどのディーゼルエンジンの燃焼として使用される。
2．無色又は淡黄色の液体である。
3．蒸気は空気より軽い。
4．常温（20℃）では水に溶けないが、引火点以上になると水に溶ける。

問8 灯油の性状等について、次のうち正しいものはどれか。

☐ 1．不完全燃焼をすると、一酸化炭素などの有毒ガスを発生する。
2．トラックやバスなどのディーゼル機関用燃料として使用される。
3．オレンジ色系に着色された液体である。
4．水によく溶ける。

問9 灯油の性状について、次のうち誤っているものはどれか。

☐ 1．引火点は40℃以上である。　　2．蒸気は空気より重い。
3．水に溶けない。　　4．液体の比重は1以上である。

問10 灯油の性状について、次のうち誤っているものはどれか。

☐ 1．水よりも軽い。
2．水には溶けない。
3．極めて揮発しやすい。
4．引火点は40℃以上である。

問11 灯油の性状等について、次のうち誤っているものはどれか。

☐ 1．燃料、溶剤及び洗浄剤などとして使用される。
2．水に溶けない。
3．引火点は、0℃以下である。
4．液温が引火点以上に高くなると、引火の危険が生じる。

問12 灯油の性状等について、次のうち正しいものはどれか。

☐ 1．引火点は、常温（20℃）より高い。
2．蒸気は空気よりも軽い。
3．電気の良導体であり、静電気は帯電しない。
4．原油を蒸留すると、ガソリンより低い温度で得られる。

問13 灯油の性状について、次のうち誤っているものはどれか。

☐ 1．無色又は淡黄色の液体である。
2．比重は水より軽い。
3．電気の導体で、静電気は発生しない。
4．布などにしみ込んだものは、火がつきやすい。

問14 灯油の性状について、次の文の（　）内のA、Bに入る語句の組合せとして、次のうち正しいものはどれか。

「無色透明の液体であるが、経年変化により（A）色を呈していることがある。発生する蒸気は空気より（B）ため、屋内で取り扱う場合には低所に滞留することがあるので、換気等に注意が必要である。」

	A	B
☐ 1．	赤紫	軽い
2．	黄褐	軽い
3．	赤紫	重い
4．	黄褐	重い

第3章 危険物の性質・火災予防・消火の方法

問15 ガソリンと灯油に共通する危険性として、次のうち誤っているものはどれか。

☐ 1．自然発火しやすい。
2．発生する蒸気は、低所に滞留しやすい。
3．炎、火花などにより、引火する危険性がある。
4．流動性があるので、燃焼面が拡大しやすい。

A 正解と解説

問1 正解2

1．灯油の引火点は40℃以上である。ガソリンの−40℃以下より高く、重油の60℃以上（A重油）より低い。

2．灯油は水より軽く、水に溶けない。

4．木綿布に染み込んだものは、空気との接触面積が大きくなるため、火が付きやすい。

問2 正解4

1．灯油は水に溶けない。

2．灯油の蒸気は空気より重い。蒸気比重は4.5である。

3．灯油の引火点は40℃以上で、常温（20℃）より高い。

問3 正解3

3．灯油の沸点は145〜270℃で、水の100℃より高い。

4．酸素が少ない状態で不完全燃焼すると、一酸化炭素COなどの有毒ガスを発生する。

問4 正解3

1．ガソリンの引火点は−40℃以下で、灯油の引火点40℃以上よりも低い。このため、ガソリンと混合された灯油は、引火しやすくなる。

2．木綿布に染み込んだ状態では、空気との接触面積が大きくなるので着火の危険性が増加する。

4．灯油の燃焼範囲は、おおむね1.1〜6.0vol%である。

問5 正解1

1．灯油の引火点は40℃以上のため、液温が常温(20℃)程度の状態では引火しない。

問6 正解4

4．灯油の蒸気は、空気より重い。蒸気比重は4.5である。

問7 正解2

1．ディーゼルエンジンの燃料として使用されるのは、軽油である。

3．灯油の蒸気は空気より重い。蒸気比重は4.5である。

4．灯油は温度にかかわらず、水に溶けない。

問8 正解1

2．ディーゼル機関用燃料として使用されるのは、軽油である。

3．オレンジ色系に着色されているのは、ガソリンである。

4．水に溶けない。

問9 正解4

4．灯油の液体の比重は約0.8で、1より小さい。

問10 正解3

3．極めて揮発しやすいのは、ガソリンである。

問11 正解3

3．灯油の引火点は、40℃以上である。

問12 正解1

1．灯油の引火点は40℃以上で、常温（20℃）より高い。

2．灯油の蒸気は空気よりも重い。蒸気比重は4.5である。

3．灯油は電気の不導体であり、静電気が帯電する。

4．灯油は原油を蒸留すると、ガソリンより高い温度で得られる。

問13 正解3

2．灯油の比重は約0.8で、水（1）より軽い。

3．灯油は電気の不導体であり、静電気が帯電する。

4．布などにしみ込んだ状態では、空気との接触面積が大きくなるので火がつきやすくなる。

問14 正解4

「無色透明の液体であるが、経年変化により（黄褐）色を呈していることがある。発生する蒸気は空気より（重い）ため、屋内で取り扱う場合には低所に滞留することがあるので、換気等に注意が必要である。」

問15 正解1

1．自然発火しやすいのは、動植物油類の乾性油である。自然発火は、酸化熱などが次第に蓄積し、高温になって発火するという現象である。ガソリンや灯油では、一般に自然発火が起こることはない。

7 軽油の性状

◉淡黄色または淡褐色。
◉引火点は 45℃以上。
◉発火点は約 220℃で、ガソリンの発火点（約 300℃）より低い。
◉ディーゼルエンジンの燃料。

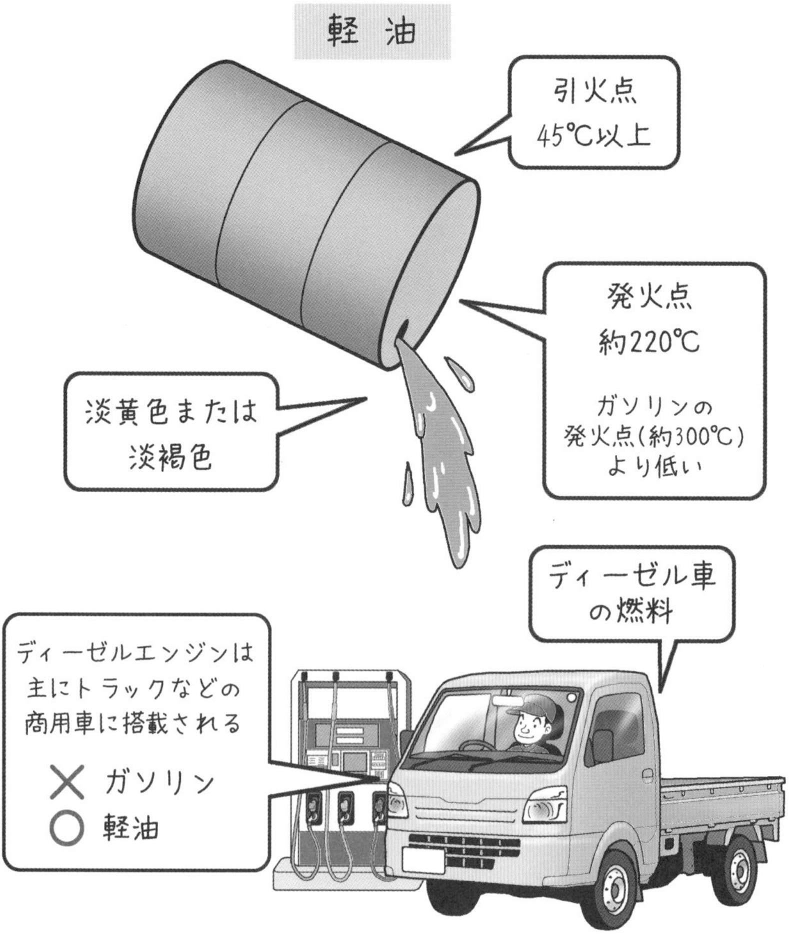

軽　油

引火点
45℃以上

発火点
約220℃
ガソリンの
発火点(約300℃)
より低い

淡黄色または
淡褐色

ディーゼル車
の燃料

ディーゼルエンジンは
主にトラックなどの
商用車に搭載される

× ガソリン
○ 軽油

1．軽油のまとめ

▶**淡黄色**～淡褐色または薄緑色に**着色**され、石油臭がある。
▶引火点：**45℃以上**
▶発火点：**約 220℃**（➡ ガソリンの約 300℃より低い）
▶沸点：170 ～ 370℃
▶比重：**約 0.85**（➡ 1（水）より小さいため水に浮く）
▶蒸気比重：**4.5**（➡ 1（空気）より大きいため低所にたまる）
▶燃焼範囲：1.0 ～ 6.0vol%
▶電気の**不導体**で、流動により**静電気が発生**しやすい。
▶**霧状**にしたものなどは、**空気との接触面積が広くなる**ため、引火しやすくなる。
▶**ディーゼルエンジンの燃料**。
▶**酸化剤との混触**は、**発火・爆発のおそれ**がある。

Q 過去問題

問1 軽油の性状について、次のうち誤っているものはどれか。

☐ 1．引火点は 21℃未満である。
2．水より軽い。
3．流動すると静電気が発生しやすい。
4．霧状になったときは、液状のときより火がつきやすい。

問2 軽油の性状について、次のうち正しいものはどれか。

☐ 1．水より軽い。
2．蒸気は空気より軽い。
3．沸点は水より低い。
4．無色無臭の液体である。

問3 軽油の性状について、次のうち誤っているものはどれか。

☐ 1．液体の比重は、1より小さい。
2．水に溶けない。
3．発火点は、常温（20℃）より高い。
4．引火点は、常温（20℃）より低い。

問4 軽油の性状について、次のうち正しいものはどれか。

☐ 1．発火点はガソリンよりも高く、ガソリンエンジンの燃料に用いることができる。
2．引火点は45℃以上の値をもつ。
3．蒸気比重は1より小さく、高所に滞留しやすい。
4．水と混合した後、上層は水に、下層は軽油に分かれる。

問5 軽油の性状等について、次のうち正しいものはどれか。

☐ 1．引火点は常温（20℃）より高い。
2．蒸気は空気より軽い。
3．電気の導体であるので、静電気は帯電しない。
4．一般に淡青色に着色されている。

問6 軽油の性状について、次のうち誤っているものはどれか。

☐ 1．蒸気は空気より軽い。
2．水より軽い液体である。
3．流動すると、静電気が発生しやすい。
4．霧状になったときは、液体のときより引火しやすい。

問7 軽油の性状について、次のうち正しいものはどれか。

☐ 1．蒸気は空気より軽い。
2．引火点は45℃以上である。
3．沸点は水より低い。
4．液温が100℃になると発火する。

問8 軽油の性状について、次のうち誤っているものはどれか。

☐ 1．燃焼範囲はおおむね1～6vol％である。
2．引火点は45℃以上である。
3．液体の比重は1より小さい。
4．酸化剤と混触しても、発火・爆発のおそれはない。

問9 軽油の性状等について、次のうち誤っているものはどれか。

1．ディーゼルエンジンの燃料として用いられる。
2．水に溶けない。
3．ガソリンより蒸発しやすい。
4．液体の比重は1以下である。

問10 灯油と軽油に共通する性状として、次のうち正しいものはどれか。

1．液温が常温（20℃）程度でも引火の危険がある。
2．発火点は100℃以下である。
3．蒸気は空気より重い。
4．水によく溶ける。

問11 軽油とガソリンに共通する性質として、次のうち誤っているものはどれか。

1．液体の比重は1より小さい。
2．水に溶けない。
3．発火点は100℃より高い。
4．引火点は常温（20℃）より低い。

A 正解と解説

問1 正解1

1．軽油の引火点は45℃である。
4．霧状になると、空気との接触面積が大きくなるため、火がつきやすい。

問2 正解1

1．軽油の比重は約0.85で、水より軽い。
2．軽油の蒸気は、空気より重い。蒸気比重は4.5である。
3．軽油の沸点は170～370℃で、水より高い。
4．淡黄色または淡褐色で、石油臭がある。

問3 正解4

1．軽油の比重は約0.85で、1より小さい。
3．軽油の発火点は約220℃で、常温（20℃）より高い。
4．軽油の引火点は45℃以上で、常温（20℃）より高い。

問4 正解2

1．軽油の発火点は約220℃で、ガソリンの約300℃よりも低い。また、ガソリンエンジンの燃料に用いることはできない。

3．軽油の蒸気比重は4.5で、低所に滞留しやすい。

4．水と混合した後、上層は軽油に、下層は水に分かれる。

問5 正解1

1．軽油の引火点は45℃以上で、常温（20℃）より高い。

2．軽油の蒸気は空気より重い。蒸気比重は4.5である。

3．軽油は電気の不導体で、静電気が帯電する。

4．軽油は、淡黄色または淡褐色である。

問6 正解1

1．軽油の蒸気比重は4.5で、空気（1）より重い。

2．軽油の比重は約0.85で、水よりも軽い。

3．軽油は電気の不導体で、流動により静電気が帯電しやすくなる。

問7 正解2

1．軽油の蒸気比重は4.5で、空気（1）より重い。

3．軽油の沸点は170～370℃で、水より高い。

4．軽油の発火点は約220℃であるため、液温が100℃になっても発火しない。

問8 正解4

4．酸化剤は、他の物質を酸化させやすい物質である。固体のものと液体のものがある。軽油に限らず、可燃物と酸化剤を混ぜると、発火・爆発しやすくなる。黒色火薬は、可燃物として木炭・硫黄、酸化剤として硝酸カリウムを混ぜたものである。

問9 正解3

3．軽油よりガソリンの方が蒸発しやすい。

4．軽油の比重は約0.85である。

問10 正解3

1．引火点は、灯油が40℃以上で軽油が45℃以上である。このため、常温（20℃）では引火の危険がない。

2．灯油と軽油の発火点は、いずれも約220℃である。

4．灯油と軽油はいずれも水に溶けない。

問11 正解4

4．引火点は、ガソリンが－40℃以下で、軽油が45℃以上である。

重油とグリセリンの性状　8

これだけ覚える!!

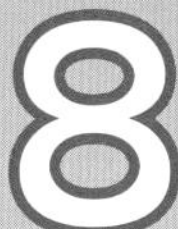

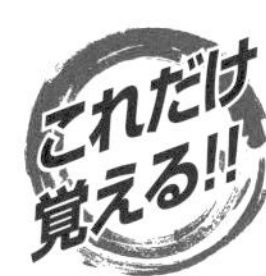

◉重油は褐色または暗褐色の粘性のある液体である。
◉重油の引火点は、60℃以上（１種＆２種）または 70℃（３種）以上。
◉重油の比重は１以下で水より軽い。
◉重油は燃え始めると非常に高温となるため、消火が困難となる。
◉グリセリンは水に溶ける。

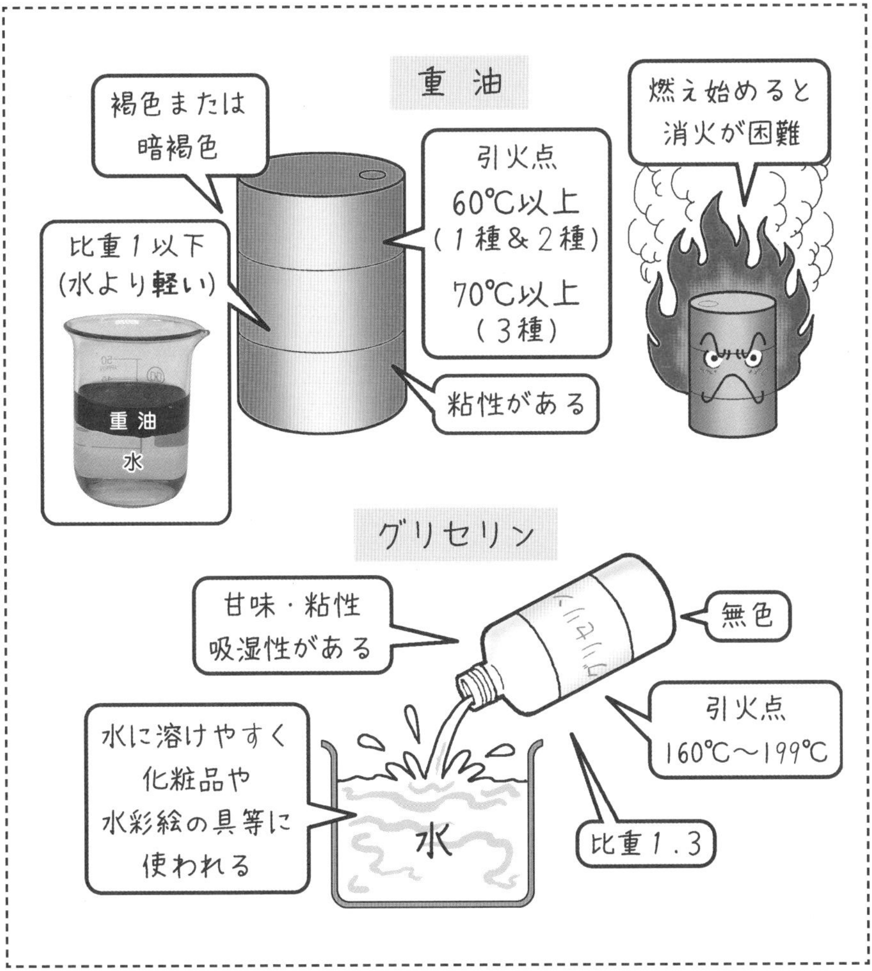
重油
褐色または
暗褐色
比重１以下
(水より軽い)
重油
水
引火点
60℃以上
(１種＆２種)
70℃以上
(３種)
粘性がある
燃え始めると
消火が困難
グリセリン
甘味・粘性
吸湿性がある
無色
引火点
160℃～199℃
水に溶けやすく
化粧品や
水彩絵の具等に
使われる
水
比重1.3

1．重油のまとめ

▶**褐色**または**暗褐色**の液体で、**粘性**がある。**特有の臭い**がある。
▶引火点：１種（A重油）と２種（B重油）**60℃以上**／３種（C重油）**70℃以上**
▶発火点：250～380℃
▶沸点：300℃以上
▶比重：0.9～1.0（➡ **水よりやや軽い**）
▶**霧状**にしたものや、**木綿布**に染みこんだものは、**空気との接触面積が広くなる**ため、引火しやすくなる。
▶重油は、日本工業規格により**１種（A重油）**、**２種（B重油）**及び**３種（C重油）**に分類されている。１種 ⇒２種 ⇒３種の順に粘度が大きくなる。
▶重油は燃え始めると、油温が高くなるため**消火が困難**である。
▶**不純物**として含まれている**硫黄 S** は、燃えると有害な**二酸化硫黄（亜硫酸ガス）SO_2** になる。

2．グリセリン $C_3H_5(OH)_3$ のまとめ

▶甘味と粘性のある無色の液体で**水に溶けやすく**、吸湿性がある。 その保水性を生かして、化粧品、水彩絵具によく使われる。
▶引火点：160～199℃
▶発火点：370℃
▶沸点：291℃以上
▶比重：**1.3**（➡１（水）より大きい）
▶蒸気比重：3.2

Q 過去問題

問1 重油の性状等について、次のうち誤っているものはどれか。

☐ 1．一般に褐色または暗褐色の液体である。
2．粘性のある液体である。
3．一般に水より軽い液体である。
4．３種（C重油）の引火点は、日本工業規格（JIS）で90℃以上と規定されている。

問2 重油の性状について、次のうち正しいものはどれか。

☐ 1．褐色又は暗褐色の液体である。
2．水に溶ける。
3．引火点は常温（20℃）より低い。
4．水よりも重い。

問3 重油の性状について、次のうち誤っているものはどれか。

☐ 1．一般に褐色又は暗褐色の液体である。
2．引火点は自動車ガソリンよりも高い。
3．液温が高くなると引火の危険性が大きくなる。
4．液体の比重は１より大きく、水に溶ける。

問4 重油の性状について、次のうち誤っているものはどれか。

☐ 1．水に溶けず、比重は１以下である。
2．主として炭素と水素からなる種々の有機化合物の混合物である。
3．加熱しても発火することはない。
4．引火点は60℃以上である。

問5 重油の性状等について、次のうち正しいものはどれか。

☐ 1．無色の液体に、着色されたものである。
2．冷水に溶けないが、温水には溶ける。
3．Ｃ重油の引火点は、70℃以上である。
4．水より重い。

問6 重油の性状等について、次のうち正しいものはどれか。

☐ 1．水に溶ける。
2．引火点は60℃以上である。
3．原油を蒸留すると、ガソリンと灯油の間の物質として得られる。
4．蒸気は空気よりも軽い。

問7 軽油と重油に共通する性状として、次のうち誤っているものはどれか。

☐ 1．液体の比重は１以下である。
2．霧状になっているときは火がつきやすい。
3．発生する蒸気は空気より重い。
4．ガソリンよりも引火点が低い。

問8 重油の性状等について、次のうち誤っているものはどれか。

☐ 1．液温が常温（20℃）程度であっても、霧状のもの、又は木綿布等に染み込んだものは、火がつきやすい。
2．水より重い液体である。
3．いったん燃え出すと、一般の可燃物に比べ消火しにくい。
4．日本工業規格（JIS）では、1種（A重油）、2種（B重油）及び3種（C重油）に分類されている。

問9 重油の性状について、次のうち誤っているものはどれか。

☐ 1．炭化水素を主成分として、若干の硫黄などを含んでいる。
2．300℃以上の高温体にこぼしても、炎がない限り発火することはない。
3．重油は、日本工業規格（JIS）により1種（A重油）、2種（B重油）、3種（C重油）などがあり、1種と2種は引火点60℃以上と規定されている。
4．褐色、黒褐色のやや粘りのある液体である。

問10 グリセリンの性状として、次のうち正しいものはどれか。

☐ 1．褐色の液体である。
2．引火点は130℃より低い。
3．口腔洗浄剤や化粧水としても使用される。
4．水に溶けない。

A 正解と解説

問1 正解4

4．3種（C重油）の引火点は、日本工業規格（JIS）で70℃以上と規定されている。

問2 正解1

2．重油は水に溶けない。
3．重油の引火点は、1種（A重油）及び2種（B重油）が60℃以上、3種（C重油）が70℃以上となっている。
4．重油は水よりやや軽い。

問3 正解4

4．重油の比重は1よりやや小さく、水に溶けない。

問4 正解3

2．ガソリン、灯油、軽油及び重油は、いずれも原油から蒸留されたもので、主として炭素と水素からなる種々の有機化合物の混合物である。有機化合物は、炭素を含む化合物の総称である。「6．灯油の性状　2．石油の精製」176P参照。

3．重油の発火点は250～380℃であり、この温度以上に加熱すると発火する。

問5 正解3

1．重油は褐色または暗褐色の液体で、着色されたものではない。

2．温水にも冷水にも溶けない。

4．重油は比重0.9～1.0で、水よりやや軽い液体である。

問6 正解2

1．重油は水に溶けない。

3．原油を蒸留すると、重油とアスファルトは、蒸留塔の残油から得られる。「6．灯油の性状　2．石油の精製」176P参照。

4．重油の蒸気は空気よりも重い。

問7 正解4

4．引火点は、ガソリン…－40℃以下、軽油…45℃以上、重油…60℃以上（1種及び2種）となっている。軽油と重油は、引火点がガソリンよりも高い。

問8 正解2

2．重油は水よりやや軽い液体である。

3．重油はいったん燃え出すと、重油自体が高温となるため、一般の可燃物に比べ消火しにくい。

問9 正解2

1．炭化水素は、炭素と水素の化合物の総称である。また、重油はわずかに硫黄を含んでいる。

2．重油の発火点は250～380℃であり、300℃の高温体にこぼすと、発火する危険性がある。

問10 正解3

1．無色で粘性のある液体である。

2．引火点は160～199℃である。

4．水によく溶ける。

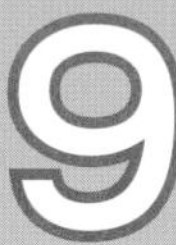

9 第４石油類の性状

これだけ覚える!!

- ◉第４石油類は、ギヤー油やシリンダー油などの潤滑油が該当する。
- ◉引火点は 200℃以上 250℃未満。
- ◉潤滑油は、水に溶けず、粘り気があり、水より軽い。
- ◉火災になると液温が高くなり、消火が困難となる。

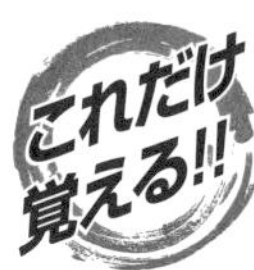

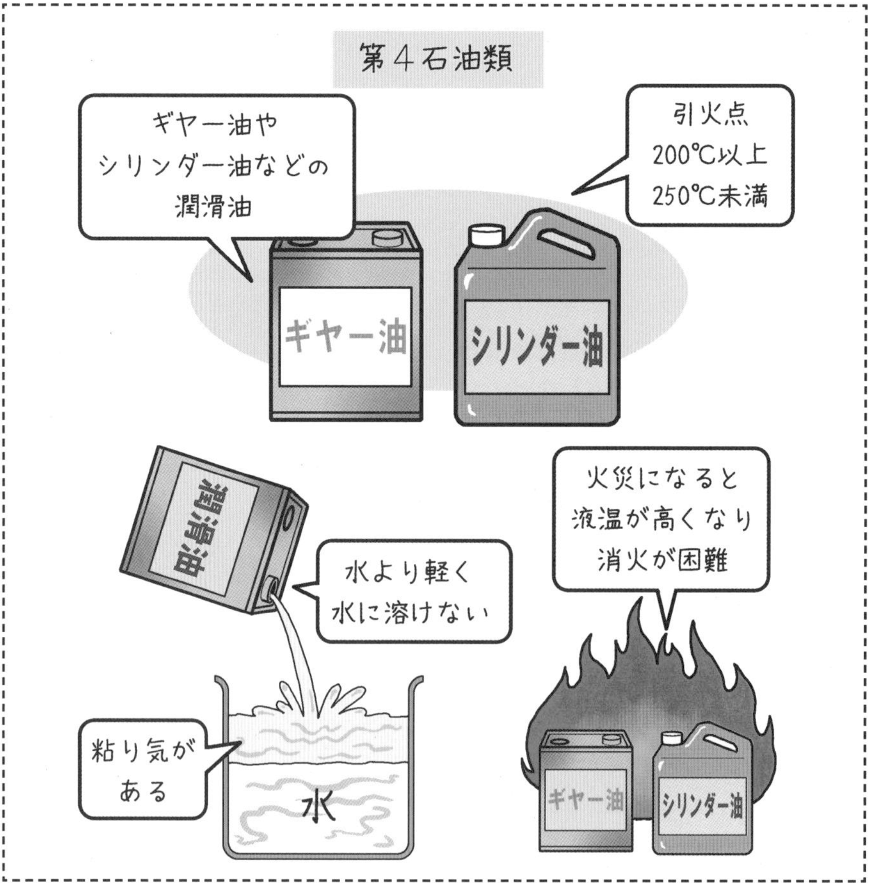

1．第４石油類のまとめ

▶第４石油類は常温常圧（20℃・１気圧）で液状である。
▶引火点：200℃以上 250℃未満（➡ 常温（20℃）で引火の危険はない）

▶**ギヤー油**及び**シリンダー油**は、第４石油類に分類される。この他、**潤滑油は多くが第４石油類**となる（引火点により「**第３石油類**」に該当するものもある。）ギヤー油はギヤーの潤滑油であり、シリンダー油はシリンダとピストン間の潤滑油である。用途や使用部位などによって名称はさまざまであるが、法令では明確な定義がなされていない。
▶**熱処理油**は、金属の改質を目的とした焼入れや焼戻しなどに使用される油脂をいう。第４石油類に該当するものや、危険物に該当しないものがある。
▶第４石油類には、**錆止め剤**、腐食防止剤、**電気絶縁油**、可塑剤などがある。
▶潤滑油は、製造面から大別すると**石油（鉱物）系**潤滑油、**合成**潤滑油、**脂肪（動物）**油などがある（脂肪油の潤滑油の場合「動植物油類」となるものがある）。
▶潤滑油は、**非水溶性**で、**粘度が高く**、比重が**１より小さい**（**水より軽い**）。
▶潤滑油は、引火点が高いため、一般に、**加熱または加圧しない限り**引火の危険性は少ない。
▶**霧状**にしたものや、**布**に染みこんだものは、**空気との接触面積が広くなる**ため、引火しやすくなる。
▶潤滑油は、いったん燃えだすと**油温が高くなるため消火が困難**となる。 **水系の消火剤**（水・強化液・泡）を使用した場合、高温になった油により、瞬時に消火剤の**水分が沸騰**する。

Ⓠ 過去問題

問1 第４石油類について、次のうち誤っているものはどれか。

☐ 1．常温（20℃）で貯蔵している場合は、引火の危険はない。
2．常温（20℃）では、すべて固体である。
3．加熱または加圧して取り扱う場合は、火災の危険が大きくなる。
4．布に染み込んだものは、火がつきやすい。

問2 ギヤー油の性状について、次のうち正しいものはどれか。

☐ 1．水より重い。
2．水に溶けやすい。
3．常温（20℃）では固体である。
4．引火点は200℃以上である。

問3 シリンダー油の性状について、次のうち誤っているものはどれか。

☐ 1．水に溶けない。
2．常温（20℃）では固体である。
3．粘り気がある。
4．比重は１以下である。

問4 第４石油類について、次のうち正しいものはどれか。

☐ １．常温（20℃）で固体のものがある。
２．熱処理油として使用されるものがある。
３．火災の際は棒状の注水を行う。
４．潤滑油はすべて第４石油類に該当する。

問5 潤滑油の性状等について、次のうち誤っているものはどれか。

☐ １．潤滑油を製造面から大別すると石油系潤滑油、合成潤滑油、脂肪油などがある。
２．常温（20℃）でも引火する。
３．絶縁やさび止めに用いられるものもある。
４．いったん燃え出すと液温が非常に高くなっているため、泡等の水系の消火剤を使用すると水分が沸騰し、消火が困難となる。

A 正解と解説

問1 正解２

１．第４石油類は、引火点が200℃以上250℃未満のものをいう。従って、常温(20℃)で貯蔵している場合、引火の危険はない。
２．常温（20℃）ではすべて液体である。

問2 正解４

１～３．ギヤー油は水よりやや軽く、水に溶けない。常温（20℃）では液体である。
４．ギヤー油が含まれる第４石油類は、引火点が200℃以上250℃未満と定義されている。

問3 正解２

２．シリンダー油は常温で液体である。

問4 正解２

１．第４石油類は、常温（20℃）で液体である。
３．水系の消火剤を使用すると、高温になった油で瞬時に消火剤の水分が沸騰する。

問5 正解２

２．潤滑油が含まれる第４石油類は、引火点が200℃以上250℃未満と定義されている。従って、常温（20℃）では引火しない。
３．電気の絶縁用のものは、変圧器の中に充填されることが多く、電気絶縁油と呼ばれる。また、さび止め用のものは、防錆潤滑油と呼ばれ、水気の多い箇所に使われる。

10 動植物油類の性状

これだけ覚える!!

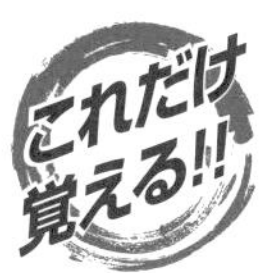

◉動植物油類は、〔脂肉〕〔種〕〔果肉〕から抽出したもの。
◉引火点は 250℃未満。
◉水に溶けず、水より軽い（比重約 0.9）。
◉乾性油は酸化熱が蓄積すると自然発火しやすくなる。

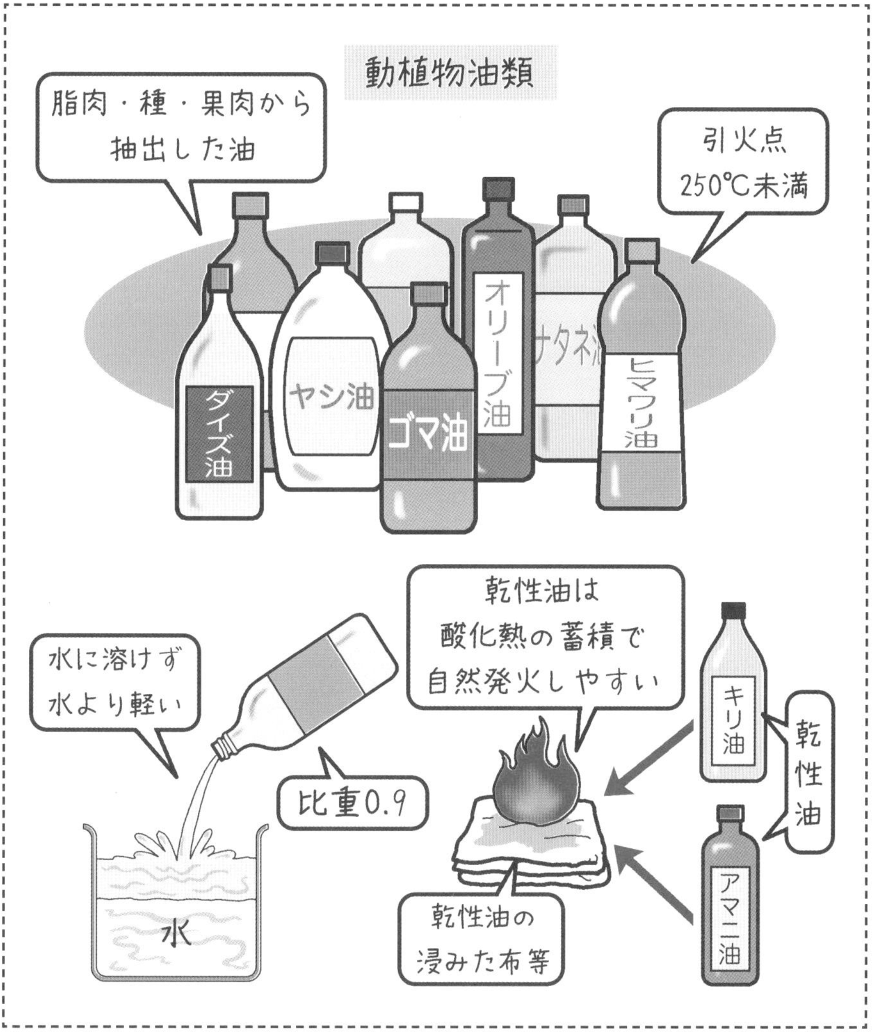

動植物油類
脂肉・種・果肉から抽出した油
引火点 250℃未満
ダイズ油
ヤシ油
ゴマ油
オリーブ油
ナタネ油
ヒマワリ油
水に溶けず 水より軽い
比重0.9
水
乾性油は 酸化熱の蓄積で 自然発火しやすい
キリ油
乾性油
アマニ油
乾性油の浸みた布等

1．動植物油類のまとめ

▶動植物油類とは、**動物の油脂**等または**植物の種子**もしくは**果肉**から抽出したものである。
▶動植物油類は**常温常圧**（20℃・1気圧）で**液体**である。蒸発しにくい。
▶引火点：**250℃未満**（➡ 常温（20℃）で引火の危険はない）
▶比重：約 0.9（➡ 1（水）より小さいため水に浮く）
▶**非水溶性**である。ただし、トルエンやベンゼンなどの**有機溶媒には溶ける**。
▶布に染み込んだものは、酸化により酸化熱が蓄積し、**自然発火**する危険性がある。
▶燃焼しているときは、液温が高くなっているため、**水が接触すると瞬間的に沸騰**し、動植物油類が**飛散して危険**である。

2．自然発火

▶油類は、**空気に触れると酸化**し、その際に**酸化熱**を発生する。 自然発火は、この**酸化熱が蓄積**され、**発火点に達する**ことで起こる。
▶動植物油のうち、**乾性油**は特に**酸化されやすい特性**があり、空気中の酸素を取り込んで**樹脂状に固化**する。この際、**酸化熱**が周囲に放出されず、**内部に蓄積**されると**自然発火**が起きやすくなる。特に**布や紙に染み込んだもの**や**そのたい積物**は自然発火の危険性が高くなる。
▶**乾性油**には、**アマニ油**や**キリ油**がある。薄くのばして空気中に放置すると、酸化や重合により**乾燥被膜をつくる性質**があり、塗料や油絵の具に使われている。

Q 過去問題

問1 動植物油類の一般的な性状について、次のうち正しいものはどれか。

☐ 1．水には溶けない。
2．衝撃、摩擦等により爆発しやすい。
3．常温（20℃）では、固体のものが多い。
4．液体の比重は1より大きいものが多い。

問2 動植物油類の一般的な性状について、次のうち誤っているものはどれか。

☐ 1．液体の比重は1より小さい。　2．水に溶けない。
3．蒸発しにくい。　4．引火点は灯油と同じくらいである。

問3 動植物油類の性状について、次のうち誤っているものはどれか。

☐ 1．水よりも軽い物質である。
2．蒸発しにくい物質である。
3．常温（20℃）で引火しやすい物質である。
4．常温（20℃）では液状の物質である。

問4 動植物油類について、次のうち誤っているものはどれか。

☐ 1．動植物油類が燃焼しているときは、液温が水の沸点より高くなっているので、水が接触すると瞬間的に沸騰して油が飛散する。
2．動物の脂肉から抽出したものは水より軽いものが多く、植物の種子や果肉から抽出したものは水より重いものが多い。
3．乾性油は、薄くのばして空気中に放置すると、酸化や重合により乾燥被膜を作りやすい性質を持っており、塗料や油絵の具などの原料に用いられる。
4．乾性油が染み込んだ布や紙などは酸化熱が蓄積され、自然発火のおそれがある。

問5 動植物油類について、次のうち誤っているものはどれか。

☐ 1．加熱された液温が引火点以上になると、引火の危険性は極めて高くなる。
2．乾性油が布や紙などにしみ込んだものは、たい積しても自然発火の危険性はない。
3．動植物油類は、動物の脂肉又は植物の種子もしくは果肉から抽出したものである。
4．燃焼しているときの液温は、水の沸点より高いので水が接触すると瞬間的に沸騰し、動植物油類が飛び散る危険がある。

問6 動植物油類について、次のA～Cのうち、正しいもののみをすべて掲げているものはどれか。

A．乾性油は空気中で酸化されやすいことから、乾性油が染み込んだ布や紙などは酸化熱が蓄積され、自然発火のおそれがある。
B．動植物油類が燃焼しているときは、液温が水の沸点より高くなっているので、水が接触すると瞬間的に沸騰して油が飛散する。
C．水にも有機溶媒にも溶けない。

☐ 1．A　　2．C
3．A、B　　4．B、C

問7 動植物油類の乾性油が自然発火を起こしやすくなる状態として、最も適切なものは次のうちどれか。

☐ 1．布や紙などにしみ込んだ状態で、通風の悪い場所に、大量にたい積しているとき。
2．長い間貯蔵して、変質が進んでいるとき。
3．長い間、直射日光にさらされているとき。
4．密閉容器に貯蔵していたものが、気温の上昇とともに膨張したとき。

A 正解と解説

問1 正解1

2．動植物油類は、衝撃、摩擦等により爆発することはない。
3．動植物油類は、常温（20℃）で液体である。
4．動植物油類の比重は、1より小さいものが多い。

問2 正解4

1．動植物油類の比重は、約0.9である。
4．灯油の引火点は40℃以上であり、動植物油類の引火点は250℃未満である。引火点は大きく異なる。

問3 正解3

3．動植物油類の引火点は250℃未満であり、一般に常温（20℃）で引火することはない。

問4 正解2

2．動物油であるニシン油やイワシ油は、いずれも比重が約0.9である。また、植物油であるアマニ油やキリ油も、比重は約0.9である。多くの動植物油類は、比重が約0.9となっている。

問5 正解2

2．乾性油が布や紙などに染み込んだものは、たい積していると、酸化熱が蓄積してやがて自然発火の危険性がある。

問6 正解3

C．動植物油類は、水に溶けない。しかし、トルエンやベンゼンなどの有機溶媒には溶ける。

問7 正解1

2～4．容器に入っている状態での、変質、長い間の直射日光、気温の上昇による膨張は、危険な状態ではあるが、自然発火の理由として「最も適切」とはいえない。

引火点の低高

Q 過去問題

問1 次の危険物の組合せのうち、引火点が低いものから高いものの順になっているものは、次のうちどれか。

☐ 1．自動車ガソリン ⇒ 重油 ⇒ 灯油
2．自動車ガソリン ⇒ 灯油 ⇒ 重油
3．重油 ⇒ 灯油 ⇒ 自動車ガソリン
4．灯油 ⇒ 自動車ガソリン ⇒ 重油

問2 次の危険物の組合せのうち、引火点の低いものから高いものの順に並んでいるものはどれか。

☐ 1．自動車ガソリン ⇒ 灯油 ⇒ 重油 ⇒ ギヤー油
2．軽油 ⇒ 自動車ガソリン ⇒ 灯油 ⇒ 重油
3．自動車ガソリン ⇒ 灯油 ⇒ 重油 ⇒ 軽油
4．自動車ガソリン ⇒ 軽油 ⇒ ギヤー油 ⇒ 重油

問3 次の危険物の組合せのうち、引火点の低いものから高いものの順になっているものは、次のうちどれか。

☐ 1．自動車ガソリン ⇒ 軽油 ⇒ 重油 ⇒ ギヤー油
2．軽油 ⇒ 重油 ⇒ 自動車ガソリン ⇒ ギヤー油
3．軽油 ⇒ 自動車ガソリン ⇒ ギヤー油 ⇒ 重油
4．自動車ガソリン ⇒ ギヤー油 ⇒ 軽油 ⇒ 重油

問4 引火点が低いものから高いものの順になっているものはどれか。

☐ 1．自動車ガソリン ⇒ 重油 ⇒ 灯油 ⇒ 軽油
2．自動車ガソリン ⇒ 灯油 ⇒ 軽油 ⇒ 重油
3．重油 ⇒ 灯油 ⇒ 軽油 ⇒ 自動車ガソリン
4．灯油 ⇒ 軽油 ⇒ 自動車ガソリン ⇒ 重油

問5 常温（20℃）において、引火の危険性が最も大きい危険物は、次のうちどれか。

☐ 1．灯油
2．重油
3．自動車ガソリン
4．ギヤー油

問6 常温（20℃）において、引火による火災危険が最も大きい危険物は、次のうちどれか。

☐ 1．自動車ガソリン
2．タービン油
3．軽油
4．エンジン油

問7 引火点が常温（20℃）から100℃までの間にある危険物は、次のうちどれか。

☐ 1．軽油
2．グリセリン
3．自動車ガソリン
4．ギヤー油

問8 引火点が一般に40℃以上70℃未満の範囲内にある危険物は、次のうちどれか。

☐ 1．灯油
2．トルエン
3．自動車ガソリン
4．シリンダー油

A 正解と解説

問1 **正解2**

自動車ガソリン……第１石油類で引火点－40℃以下
灯油…………………第２石油類で引火点40℃以上
重油…………………第３石油類で引火点60℃以上（１種＆２種）

問2 **正解1**
自動車ガソリン……第１石油類で引火点－40℃以下
灯油…………………第２石油類で引火点40℃以上
重油…………………第３石油類で引火点60℃以上（１種＆２種）
ギヤー油……………第４石油類（引火点200℃以上250℃未満）

問3 **正解1**
自動車ガソリン……第１石油類で引火点－40℃以下
軽油…………………第２石油類で引火点45℃以上
重油…………………第３石油類で引火点60℃以上（１種＆２種）
ギヤー油……………第４石油類（引火点200℃以上250℃未満）

問4 **正解2**
自動車ガソリン……第１石油類で引火点－40℃以下
灯油…………………第２石油類で引火点40℃以上
軽油…………………第２石油類で引火点45℃以上
重油…………………第３石油類で引火点60℃以上（１種＆２種）

問5 **正解3**
灯油…………………第２石油類で引火点40℃以上
重油…………………第３石油類で引火点60℃以上（１種＆２種）
自動車ガソリン……第１石油類で引火点－40℃以下
ギヤー油……………第４石油類（引火点200℃以上250℃未満）

問6 **正解1**
自動車ガソリン……第１石油類で引火点－40℃以下
タービン油…………第４石油類（引火点200℃以上250℃未満）
軽油…………………第２石油類で引火点45℃以上
エンジン油…………第４石油類（引火点200℃以上250℃未満）

問7 **正解1**
軽油…………………第２石油類で引火点45℃以上
グリセリン…………第３石油類で引火点160～199℃以上
自動車ガソリン……第１石油類で引火点－40℃以下
ギヤー油……………第４石油類（引火点200℃以上250℃未満）

問8 **正解1**
灯油…………………第２石油類で引火点40℃以上
トルエン……………第１石油類で引火点４℃
自動車ガソリン……第１石油類で引火点－40℃以下
シリンダー油………第４石油類（引火点200℃以上250℃未満）

■丙種危険物取扱者が取り扱うことができる主な危険物

品名	物品名	水溶性	丙種	引火点 ℃		発火点 ℃	沸点 ℃	比重	蒸気比重	燃焼範囲 vol%
特殊引火物	ジエチルエーテル	△	×	−20℃以下						
	二硫化炭素	×								
	アセトアルデヒド、酸化プロピレン	○								
第1石油類	ガソリン［自動車用は橙色］	×	○	21℃未満	−40 以下	300	40～220	0.67～0.75	3～4	1.4～7.6
	ベンゼン、トルエン	×	×							
	酢酸エチル、酢酸メチル、メチルエチルケトン（エチルメチルケトン）	△								
	アセトン、ピリジン	○								
アルコール類	メタノール、エタノール、1-プロパノール（*n*-プロピルアルコール）2-プロパノール（イソプロピルアルコール）	○	×	11～25℃						
第2石油類	灯油［無色～淡黄色、黄褐色］	×	○	21～70℃未満	40 以上	220	145～270	0.8	4.5	1.1～6.0
	軽油［淡黄色～淡褐色、薄緑色］	×	○		45 以上	220	170～370	0.85	4.5	1.0～6.0
	キシレン、クロロベンゼン	×	×							
	1-ブタノール（*n*-ブチルアルコール）	△								
	酢酸（氷酢酸）、アクリル酸	○								
第3石油類	重油	×	○	70～200℃未満	60 以上	250～380	300 以上	0.9～1.0	—	—
	クレオソート油	×	×		75	335	200 以上	1.1	—	—
	アニリン	×			70	615	185 以上	1.01	3.2	1.2～11
	ニトロベンゼン	×			88	482	211 以上	1.2	4.2	1.8～40
	エチレングリコール	○			111	413	197 以上	1.1	2.1	3.2～15
	グリセリン	○	○		160～199	370	291 以上	1.3	3.2	—
	潤滑油（ATF、切削油、絶縁油 等）	×	○		70～199	—	—	—	—	—
第4石油類	潤滑油：ギヤー油、シリンダー油、切削油、モーター油、電気絶縁油、マシン油 等	×	○	200～250℃未満	200～249	—	—	—	—	—
	可塑剤：リン酸トリクレジル				210	—	241～265	1.16～1.18	—	—
	可塑剤：フタル酸ジオクチル				206～215	—	385	0.98	—	—
動植物油類	乾性油（130 以上）：アマニ油、キリ油、紅花油、ヒマワリ油、ケシ油 等	×	○	250℃未満						
	半乾性油（100～130）：ナタネ油、ゴマ油、大豆油、綿実油、コーン油 等									
	不乾性油（100 以下）：オリーブ油、ヒマシ油、ヤシ油、ツバキ油 等									

※水溶性 ⇒ ○：溶、×：不溶、△：ほとんど溶けない～少し溶ける。
※丙種 ⇒ ○：丙種の取り扱い可、×：丙種の取り扱い不可。
※潤滑油のほとんどが第4石油類であるが、一部、引火点によって第3石油類に該当するものがある。
※動植物油類は「動植物から抽出された油脂」をいい、「精油」を含まない。精油とは「植物が産出する揮発性の油で、それぞれ特有の芳香を持つもの」である。ハッカ油（第3石油類）やオレンジ油（第2石油類）などが該当する。

索　引

数字とアルファベット

あ

い

う

え

お

か

き

く

け

こ

さ

し

書籍の訂正について

本書の記載内容について正誤が発生した場合は、弊社ホームページに正誤情報を掲載しています。

株式会社公論出版 ホームページ
書籍サポート/訂正
URL：https://kouronpub.com/book_correction.html

本書籍に関するお問い合わせ

メール

問合せフォーム

FAX

03-3837-5740

必要事項
・お客様の氏名とフリガナ
・FAX番号（FAXの場合のみ）
・書籍名　・該当ページ数　・問合せ内容

※お問い合わせは、**本書の内容に限ります**。
下記のようなご質問にはお答えできません。

EX：・実際に出た試験問題について　・書籍の内容を大きく超える質問　等
・個人指導に相当するような質問

また、回答までにお時間をいただく場合がございます。ご了承ください。
なお、**電話でのお問い合わせは受け付けておりません。**

丙種危険物取扱者試験　第2版

2020年～2017年中の試験問題からよく出る288問を収録

■発行所　株式会社 公論出版
〒110-0005
東京都台東区上野3-1-8
TEL. 03-3837-5731
FAX. 03-3837-5740

■定価　1,100円　■送料　300円（共に税込）

■発行日　2023年12月1日　初版　三刷

ISBN978-4-86275-184-3